高等学校规划教材

薄壁结构稳定性分析

梁　珂　编著

西北工业大学出版社

西安

【内容简介】 薄壁结构由于具有较好的比强度和比刚度性能,常被用在轻量化的结构设计中,然而这类结构的极限承载能力往往由其稳定性(屈曲)性能所决定,具体表现为结构通常在出现强度失效前就已经发生了屈曲,故薄壁结构的稳定性问题至关重要。本书主要讲述航空航天工程中薄壁结构稳定性问题的分析方法,主要内容有薄壁结构稳定性概述,稳定性判定准则与计算方法,薄板的弹性稳定性问题,结构分析的有限单元法,基于有限单元法的结构稳定性分析。

本书可用作高等院校航空航天、力学及相关专业的本科生及研究生教材,也可作为结构稳定性分析人员的参考书籍以及力学爱好者的自学读物。

图书在版编目(CIP)数据

薄壁结构稳定性分析 / 梁珂编著 . — 西安 : 西北工业大学出版社,2022.9
ISBN 978 - 7 - 5612 - 8404 - 9

Ⅰ.①薄… Ⅱ.①梁… Ⅲ.①航空航天器-薄壁结构
-稳定分析 Ⅳ.①V414.4

中国版本图书馆 CIP 数据核字(2022)第 186418 号

BAOBI JIEGOU WENDINGXING FENXI
薄 壁 结 构 稳 定 性 分 析
梁珂 编著

责任编辑:曹 江		策划编辑:杨 军	
责任校对:胡莉巾		装帧设计:李 飞	
出版发行:西北工业大学出版社			
通信地址:西安市友谊西路 127 号		邮编:710072	
电 话:(029)88491757,88493844			
网 址:www.nwpup.com			
印 刷 者:陕西奇彩印务有限责任公司			
开 本:787 mm×1 092 mm		1/16	
印 张:8.75			
字 数:230 千字			
版 次:2022 年 9 月第 1 版		2022 年 9 月第 1 次印刷	
书 号:ISBN 978 - 7 - 5612 - 8404 - 9			
定 价:39.00 元			

如有印装问题请与出版社联系调换

前　言

　　结构稳定性在工程力学领域是一个较为古老的问题,在我国高等院校"材料力学"本科教材中,引入了经典的欧拉(Euler)压杆稳定性概念,但在随后的本科及研究生相关专业教材中,很少再对结构稳定性问题进行系统、深入的讲解。笔者常年从事结构稳定性分析方法的理论与应用研究,2018年在西北工业大学开设了研究生专业选修课程"飞行器薄壁结构稳定性分析与设计"。授课几年来,笔者感受到航空宇航科学与技术专业学生对结构稳定性知识进行系统深入学习的迫切需求,因此在该课程授课课件、市场上结构稳定性书籍以及国内公开课件资料的基础上,融入近十多年来从事稳定性研究工作的经验和体会,整理、撰写了本书。本书的主要特点在于,围绕航空航天中常用的薄壁结构构型,重点讲解结构稳定性基础概念、稳定性问题解析类分析方法以及稳定性问题的有限元分析方法,让读者了解解析类分析方法与当前主流的有限元分析方法各自的特点和优势,为日后开展稳定性分析与研究工作打下基础。

　　本书编写分工如下:梁珂负责本书第1~5章主要内容的素材整理和文字编写,研究生李政、尹震、程潜和王正虎参与了第1、2、3、5章的编写。

　　本书的最终形成和出版,要感谢结构稳定性相关书籍的作者和网络上公开课件的制作者。

　　由于水平有限,本书不足之处在所难免,敬请广大读者批评指正。

编著者

2022 年 4 月

目　　录

第1章　薄壁结构稳定性概述 ·· 1

　1.1　基础知识 ·· 1

　1.2　结构稳定性的定义 ·· 5

　1.3　结构稳定性的分类 ·· 10

　1.4　本章小结 ·· 23

　参考文献 ·· 23

第2章　稳定性判定准则与计算方法 ·· 24

　2.1　静力法 ·· 24

　2.2　能量法 ·· 36

　2.3　动力法 ·· 45

　2.4　本章小结 ·· 45

　参考文献 ·· 46

第3章　薄板的弹性稳定性问题 ·· 47

　3.1　薄板的小挠度理论 ·· 47

　3.2　单向均匀受压板的弹性屈曲 ······································ 52

　3.3　不同面内载荷作用下板的弹性失稳 ······························ 55

　3.4　组合载荷作用下板的弹性失稳 ···································· 60

　3.5　基于有限挠度理论的薄板稳定性 ·································· 62

　3.6　薄壁结构的稳定性设计 ·· 67

　3.7　复合材料壁板稳定性计算公式 ···································· 74

　3.8　本章小结 ·· 77

　参考文献 ·· 77

第4章　结构分析的有限单元法 ·· 78

　4.1　有限元法基本概念和理论 ·· 78

　4.2　结构有限元模型 ·· 82

4.3 有限元原理及单元设计 ··· 93

4.4 有限元静力学分析过程 ·· 105

4.5 本章小结 ··· 108

参考文献 ··· 108

第 5 章 基于有限单元法的结构稳定性分析 ··························· 110

5.1 结构非线性问题 ·· 110

5.2 结构非线性的有限单元法 ··· 112

5.3 结构稳定性的有限元分析 ··· 125

5.4 结构非线性数值求解方法 ··· 126

5.5 本章小结 ··· 134

参考文献 ··· 134

第1章　薄壁结构稳定性概述

在开始讲述结构稳定性的相关内容前,先回顾一下与其相关的力学基础知识,进而更好地理解稳定性的基本概念以及本书所关注的基本力学问题。

1.1　基　础　知　识

1.1.1　结构和机构

本书中涉及的稳定性问题指的都是结构的稳定性。运动的物体存在动稳定性问题,但这并不是本书所关注的内容。从概念上看,机构指的是两个或两个以上构件通过活动连接形成的构件系统,如齿轮机构、蜗轮蜗杆机构、锁定机构以及间歇运动机构等。结构是指其各构件之间不具有可活动性,无多余自由度,如桁架结构、壁板结构以及筒壳结构等。由此可以看出,从结构力学的角度来说,结构不具备多余自由度,是静定或超静定系统,而机构含有冗余自由度。图1.1所示为可以运动的齿轮机构与钢架结构。在图1.2中的四连杆系统中增加一根杆件,就能够实现从机构到结构的转变。

 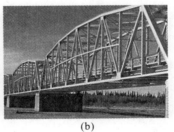

(a)　　　　　　　　　　　(b)

图 1.1　齿轮机构与钢架结构

(a)齿轮机构；　(b)钢架结构

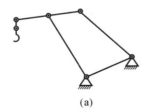 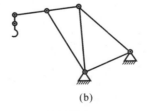

(a)　　　　　　　　　　　(b)

图 1.2　四连杆系统从机构到结构的转变

(a)连杆机构；　(b)连杆结构

1.1.2 结构变形

稳定性问题与结构的变形过程密切相关,结构变形指的是结构在外载荷作用下其自身几何形状发生改变的过程。图 1.3 所示的薄壁结构变形包括机翼在气动载荷作用下的大挠度变形以及汽车撞击后的破坏性变形。从变形程度划分,结构变形可分为弹性变形和塑性变形两种。其中,弹性变形在载荷卸载后结构可恢复原样,而塑性变形在卸载后不可恢复原样。图 1.4 中,人在沙发上蹦跳所引起的变形一般都在弹性可恢复变形的范畴内,而棉 T 恤在反复洗涤下往往会产生不可恢复的塑性变形。本书涉及的结构稳定性问题都是在结构弹性变形的前提下提出的,这也与实际情况较为符合。由于失稳大都发生在薄壁结构上,而薄壁结构由于其自身的承力特性,通常在发生失稳前结构内部仍处于弹性变形的范畴,因此属于弹性失稳。然而,薄壁结构在发生失稳后由于存在较大的面外变形,因此可能会出现塑性变形的情况。

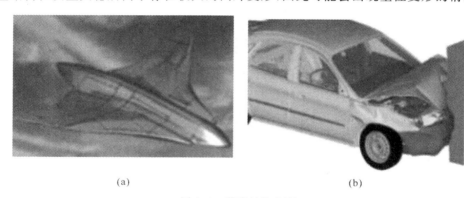

(a)   (b)

图 1.3 薄壁结构变形

(a)飞机机翼变形; (b)汽车碰撞变形

 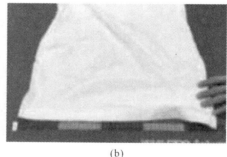

(a)   (b)

图 1.4 结构的弹性变形和塑性变形

(a)沙发弹性变形; (b)T 恤塑性变形

1.1.3 应变和应力

应变和应力是力学问题的经典概念。应变是指结构在外载荷作用下的相对变形,杆件在拉伸载荷作用下,从初始长度 L_0 变为 L 后产生的拉伸应变 ε 可用下式来计算:

$$\varepsilon = \frac{L - L_0}{L_0} \tag{1.1}$$

应力指的是结构在单位面积上所承受的压力,比如受拉伸载荷 P 作用的杆件,其截面 S 上单位面积的压力值 σ 可用下式来计算:

$$\sigma = \frac{P}{S} = E\varepsilon \tag{1.2}$$

这里给出的应力应变概念要简单一些,在用大变形理论分析结构稳定性问题时,将进一步讲解不同构型下应力应变的度量。

1.1.4　结构失效

结构失效是指结构在载荷作用下由于材料破坏或变形过大而失去承载能力的状态。在结构设计中,工程师最为关心的 3 个承载指标分别是强度、刚度和稳定性。

(1)结构强度的定义是结构在外载荷作用下抵抗破坏的能力,强度失效通常以材料破坏为表现形式,宏观呈为飞机或火箭薄壁结构等的断裂破坏,如图 1.5 所示。强度失效准则通常以最大工作应力 σ 大于材料的破坏应力 σ_b 来描述,即最大应力 $\sigma >$ 材料破坏应力 σ_b。

(2)结构刚度的定义是结构在外载荷作用下抵抗变形的能力。结构的刚度大小通常用变形量来反映,在同样载荷作用下结构的变形量越大则其刚度越小。刚度失效准则通常表现为结构的最大工作变形大于结构许用变形。结构许用变形指的是不影响结构使用功能下的最大容许变形,图 1.3 中的机翼变形不能过大,否则会影响原有的气动力特性。对于柔性比较大的结构,若仅基于强度失效准则进行设计,则其自身的变形可能会很大,若影响结构功能特性,则必须要考虑刚度条件的约束。

(3)稳定性失效是指结构在外载荷作用下无法继续保持原有的平衡状态,如图 1.6 所示。稳定性失效准则是结构失稳载荷≪结构许用载荷。结构的稳定性失效是本书重点讲解的内容,其失效过程与强度失效以及刚度失效密切相关,可以说,结构的稳定性问题是"始于刚度失效,而终于强度失效"。

图 1.5　强度失效(材料破坏)

图 1.6　结构失稳(屈曲)

1.1.5 结构力学分析

结构的力学分析是指采用某种手段获得结构在载荷作用下的承载响应性能,如位移、应力及应变等。开展结构力学分析的方法有很多,大致分为两大类:一类是解析法,该方法能够给出结构力学响应计算的显示公式,具有计算量小、物理指向性强的优势,但该方法只适用于几何条件和边界条件均较为简单的结构受力分析问题,无法分析实际的复杂工程问题;另一类是以有限单元法为代表的数值求解方法,该方法将原本连续的结构受力体进行离散化求解,能够适应各种复杂的结构外形和边界条件,是工程结构分析中广泛采用的方法。

本书针对结构稳定性问题,分别讲解其中的解析求解方法和数值求解方法,读者可以了解这两种方法各自的特点。随着计算机硬件和软件水平的不断提升,有限元数值方法已经成为结构力学分析的主流方法。当前的一系列商用有限元分析软件,如 ANASYS、MSC、ABAQUS 等,都具有非常强大的结构力学分析功能,其分析流程都大致相同,主要含有建模、计算和结果分析这三大模块,如图 1.7 所示。通常情况下,软件操作人员只需要完成结构有限元建模和结果分析工作即可,其中的计算模块大多以"黑匣子"的形式呈现,基本没有可操作空间,而这也是商用软件最具核心竞争力的模块。操作人员在完成有限元建模工作后紧接着就需要设置分析求解类型,常用的力学分析类型有应力分析、材料失效分析、稳定性(屈曲)分析、热分析、动力学模态分析、动力瞬态响应分析等。

图 1.7 结构力学的分析流程

1.1.6 薄壁结构

薄壁结构是由薄板、薄壳和细长杆件组成的结构,能以较小的质量和较少的材料承受较大的载荷,薄壁结构由于自身的高比强度和高比刚度特性被广泛用于承载效率要求高的航空航天结构工程。从几何上看,薄壁结构的典型特征是其厚度远小于其他两个方向的结构尺寸。常见的薄壁结构类型如图 1.8 所示,包括平板、曲板、盒段、圆柱壳、圆锥壳以及上述各类的加筋结构。薄壁结构的面内刚度较大,适合承受较大的面内载荷,面内承载是其最有利的承载模式,但其面外刚度较小,受面内压载荷作用时极易发生失稳,出现较大的面外变形,进而丧失原先的平面承载特性。本书重点讲解薄壁结构的稳定性问题,这也是薄壁结构最为常见的失效模式。

图 1.8 常见的薄壁结构类型

1.2　结构稳定性的定义

1.2.1　稳定性概念

结构稳定性是指结构在载荷作用下能够保持其原有的平衡状态的能力。平衡有稳定平衡、临界平衡和不稳定平衡三种状态。下面以经典的小球刚体平衡和压杆失稳为例[1-4]，来详细介绍稳定性现象及其背后的物理本质。

1. 小球刚体平衡

小球刚体平衡的例子常被用来描述稳定性的物理现象。如图 1.9 所示，位于不同边界下的三个小球都处于受力平衡状态，但三者的稳定性截然不同。在图 1.9(a) 中，小球受到扰动后会先偏离初始平衡位置（最凹点），在扰动撤掉后，小球所受合力 P_R 指向初始平衡位置，使小球再次回到初始位置，这就表明图 1.9(a) 中的小球是处于稳定平衡状态的。在图 1.9(b) 中，小球受到扰动后会偏离初始位置，但扰动撤销后小球既没有继续偏离也没有回到初始位置，而是在任意位置重新平衡，表明此时小球处于临界平衡状态。在图 1.9(c) 中，小球受到扰动后偏离初始位置，即使撤掉扰动后小球也会越偏越远，说明小球处于不稳定平衡状态。由小球刚体平衡的例子可知，处于平衡状态的结构不一定是稳定的，但处于稳定状态的结构一定是平衡的。平衡指结构处于静止或匀速运动状态，而稳定指结构原有平衡状态不因微小干扰而改变。此外还可以得出，图 1.9 中三个小球的稳定性与其所处的边界条件密切相关。

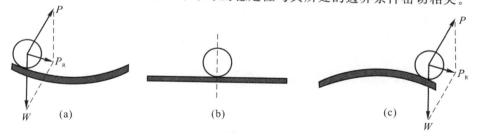

图 1.9　刚体小球的三种平衡形式

(a) 合力 P_R 指向平衡位置，稳定平衡；　(b) P_R 为 0，临界（随遇）平衡　　(c) 合力 P_R 离开平衡位置，不稳定平衡

下面从能量的角度来进一步阐述稳定性的物理本质。由结构力学的知识可知，最小势能原理是指在所有满足给定边界条件的位移中，满足平衡微分方程的位移使得势能取得最小值。虚功原理是指如果弹性体是处于静力平衡状态的，外力在虚位移上所做的虚功等于真实应力分量在对应的虚应变上所做的虚功，即虚应变能。最小势能原理和虚功原理在本质上是等价的。

对于稳定性问题，需要先对比介绍驻值势能原理和最小势能原理。根据驻值势能原理可知，当一个体系的势能取驻值时，系统会处于平衡状态；根据最小势能原理可知，当一个体系的势能最小时，系统会处于稳定平衡状态。由此可看出，稳定和平衡在能量上的表现是完全不同的，即真实位移的"平衡状态"（包括稳定平衡和不稳定平衡）使结构的势能取驻值（一阶变分为零），稳定平衡状态使结构的势能取最小值。势能驻值条件等价于平衡条件，但是，其平衡状态有稳定的、不稳定的和随遇平衡三种，要判断平衡状态究竟属于哪一种，就必须对总势能作进一步的研究。从严格的数学意义上说，如果要判断结构当前状态的稳定性，不仅必须满足总势能的一阶变分为零,即总势能驻值的条件,而且必须进一步考察总势能的二阶变分情况。可以将图 1.9 中的三种不同的边界条件形状看作对应的总势能函数曲线,三个小球所处的位置表明其当前的总势能大小。从势能函数曲线可以看出,这三个小球都处于总势能一阶导数为零的平衡状态,但图 1.9(a)小球处于总势能曲线的最低点,即总势能最小(二阶导数大于零)的位置,所以图 1.9(a)小球处于稳定平衡的状态。同理可知图 1.9(c)小球位于总势能曲线的最高点,即总势能最大(二阶导数小于零)的位置,故图 1.9(c)小球是非稳定平衡的。

2. 压杆的稳定性问题

小球刚体失稳的例子仅能阐述边界条件对稳定性的影响,然而对弹性结构体而言,一个弹性系统的平衡是否稳定,还同时取决于系统的几何位形、弹性力作用情况以及外载荷施加方式等。对于同一构件,由于几何约束条件改变或载荷方式改变,承载的稳定性也就不一样。压杆失稳的例子能够很好地说明上述问题。对两端铰支的细长直杆施加轴向压力 P(见图 1.10),理想直杆不应发生弯曲,但如果压杆受到微小的侧向扰动使其稍微弯曲,则会出现两种情况:

(1)当轴向压载 P 较小时,扰动作用下压杆出现微小弯曲,而在侧向扰动解除后,压杆又恢复原先的直线平衡状态,如图 1.11 所示。提取压杆中点 z 的侧向挠度位移,画出挠度随轴压载荷变化的力学响应曲线,可以发现在临界载荷前,响应曲线始终为一条挠度值为零的直线,说明当轴压载荷较小时,杆一直处于稳定平衡状态。

(2)若继续加大轴向压载 P,当轴压 P 的值超过一定载荷 P_{cr} 时,解除侧向扰动载荷,压杆不仅不会恢复原先的直线平衡状态,还会继续发生弯曲,越来越偏离直线平衡,发生显著的弯曲变形,甚至破坏,如图 1.12 所示。挠度随压载的响应曲线在轴压载荷达到临界载荷 P_{cr} 前始终为一条挠度为零的直线,到达临界点后曲线呈抛物线状,杆开始出现弯曲挠度位移,处于不稳定平衡状态。结构失稳后有两个对称平衡状态,最终在哪个状态下平衡将由扰动方向决定。

需要指出的是,压杆在 P_{cr} 作用下,直线形式的平衡由稳定转向不稳定,然而,说"系统的平衡由稳定转向不稳定"是不恰当的。这是因为,在到达下一个临界载荷前,压杆在相应的弯曲形式的平衡状态下是稳定的。

图 1.10 两端铰支细长压杆

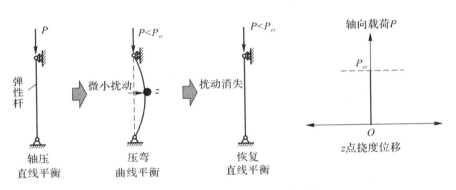

图 1.11 压杆失稳 $P < P_{cr}$ 的情况

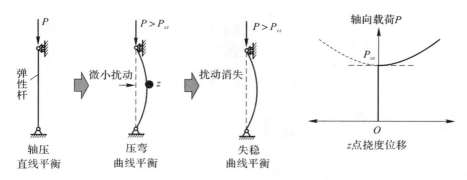

图 1.12　压杆失稳 $P > P_{cr}$ 的情况

由压杆失稳的例子可知,当载荷超过某一数值 P_{cr} 时,体系由稳定平衡状态转变为不稳定平衡状态,从而丧失原始平衡状态的稳定性,这一现象称为失稳,也称屈曲。由稳定平衡状态过渡到不稳定状态的中间状态(中性平衡状态)叫作临界状态,临界状态下相应的载荷叫作临界载荷,也叫作失稳载荷和屈曲载荷 P_{cr}。临界载荷是结构保持稳定平衡时所能承受的最大载荷。

弹性系统的稳定性是相对的和有条件的,在约束不变的情况下,当系统受到有限扰动时,它可能从一个稳态转到另一个相对的稳态,这时系统的平衡属于多稳态。如稳态是单一的,则系统的平衡属于单稳态。工程中有不少结构,如圆柱壳受轴向压缩及球壳受外压,会出现所谓多重屈曲模态,即在同一临界压力作用下,存在多种经典的屈曲波形,使问题变得非常复杂。首先,通过临界点的分支路径不再是唯一的;其次,在薄壁杆和加筋板壳中还表现为局部屈曲和整体屈曲之间的耦合作用。

通过压杆失稳的例子引入有关结构稳定性的两个概念,如图 1.13 所示,结构的前屈曲是指结构在失稳前的承载响应状态,对应图 1.13 中的 Oa 段。结构的后屈曲指的是结构失稳后的承载响应状态,对应图 1.13 中的 ab 段。对于压杆结构失稳问题,其在后屈曲阶段虽然仍然可以继续承载(ab 段斜率为正值),但若结构变形过大则被认为其丧失承载功能,发生失效,因而工程结构设计中大部分时候不允许结构进入后屈曲状态。

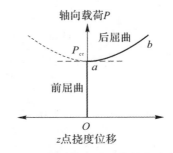

图 1.13　前屈曲和后屈曲概念示意图

还有一些结构在受压失稳后无法继续承载,如图 1.14 所示的轴压薄壁筒壳结构,其轴向位移随载荷的变化曲线与轴压杆件的响应曲线显著不同,承载响应曲线过屈曲载荷点(最高点)后急剧下降,意味着薄壁筒壳发生屈曲后无法继续承载。

值得注意的是,结构失稳时的表现与材料屈服有相似之处,但结构的失稳破坏与材料的屈服破坏具有本质的不同,主要体现在:屈服是材料的破坏形式,取决于材料强度,而失稳时结构的破坏形式取决于结构的刚度及外载荷的大小,与材料的弹性模量有关。例如,在支撑方式和弯曲刚度一定的情况下,决定压杆平衡形式的关键因素是压力 P 的大小,因而须关注临界载荷 P_{cr} 的大小,屈服破坏则由压杆结构材料本身的屈服强度决定。

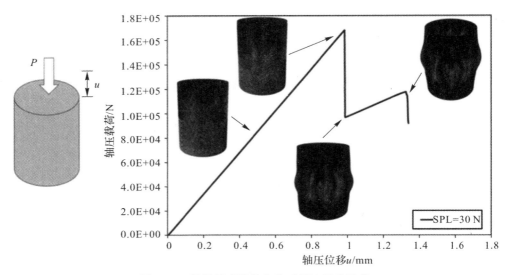

图 1.14　轴压筒壳结构失稳后无法继续承载

1.2.2　稳定性问题的重要性

结构的强度、刚度和稳定性分析是结构设计中的最基本内容,结构或构件的承载能力一般是由这三类分析的临界载荷所控制的,但对薄壁结构而言,结构稳定性有时要比刚度、强度问题更为重要,其承载能力主要由结构的失稳条件控制。主要原因在于薄壁结构在受到面内压/剪载荷作用时极易发生失稳/屈曲,在图 1.15 的结构承载响应曲线中,失稳时的临界载荷 P_{cr} 往往低于甚至远低于材料的强度极限 P_s,表明结构失稳发生在强度失效之前。在这种情况下,若在结构设计中仅考虑强度分析的结果,则会高估结构的承载能力,危及使用安全,因此稳定性问题是薄壁结构的突出问题。

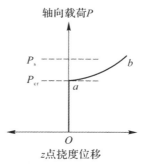

图 1.15　薄壁结构失稳载荷一般均小于材料强度极限载荷, $P_{cr} < P_s$

在实际工程中,结构或构件的失稳形式及稳定承载力受结构形式、载荷作用性质、边界约束条件、构件截面形式等因素的影响较大。对结构构件,强度计算是基本要求,但是对薄壁结构构件,稳定计算比强度计算更为重要。强度问题与稳定问题虽然均属极限状态问题,但两者的概念不同。强度问题关注结构构件截面上产生的最大内力或最大应力是否达到该截面的承载力或材料的强度,因此,强度问题是应力问题;稳定问题是要找出结构内部抵抗力之间的不稳定平衡状态,即变形开始急剧增长的状态,属于变形问题。

强度计算是针对杆件某个截面的,而稳定计算是针对整个构件的。在结构的强度准则公式中,杆件的工作应力 σ_e 与杆件截面积 A 相关:

$$\sigma_e = \frac{N}{A} \leqslant \sigma_b \tag{1.3}$$

而杆件的稳定性临界载荷计算公式表明结构稳定承载能力与其整体刚度水平密切相关:

$$P_{cr} = \frac{\pi^2 EI}{L^2} \tag{1.4}$$

式中的 EI 是杆的弯曲刚度,L 是杆长度。

薄壁结构的稳定性问题是航空航天工程结构分析与设计中的主要关注点之一。图 1.16 中的光滑曲板、加筋壁板以及薄壁筒壳都是轻量化结构的常用构型,其在面内压载荷作用下失稳时会出现明显的面外变形,加筋曲板的面外褶皱、加筋壁板局部屈曲引起的板筋分离以及薄壁筒壳的屈曲窝坑,都会影响结构的使用功能,若变形进一步增大则会引起结构的强度破坏。因此,可以说结构的稳定性失效是"始于刚度问题,止于强度破坏"。民用设施中的薄壁结构也会出现稳定性失效的问题,比如图 1.17 中自行车撞击后出现的薄壁管横梁屈曲以及储气罐在自重下发生的薄壁壳体屈曲。

(a)　　　　　　　　　　(b)　　　　　　　　　　(c)

图 1.16　航空航天薄壁结构的失稳变形

(a)光滑曲板;　(b)加筋壁板;　(c)薄壁筒壳

(a)　　　　　　　　　　　　　(b)

图 1.17　民用设施中结构的失稳问题

(a)薄壁管横梁屈曲;　(b)薄壁壳体屈曲

1.2.3　稳定性问题的特点

结构的稳定性问题具有指向性、多样性、整体性和相关性四种特点,这也是稳定性失效与其他类型结构失效问题的显著区别。下面分别详细介绍这四种特点。

(1)指向性。并不是所有的受载结构都会发生稳定性问题,从结构构型上看,只有薄壁板杆类结构才有可能出现失稳屈曲,从受载形式上看,只有当结构承受压/剪载荷的时候才有发生屈曲的可能。从本质上说,薄壁结构在载荷作用下只要结构内部有压应力分布,就会有失稳的趋势,结构面内压应力的存在会减弱结构的面外刚度,压应力达一定程度时,很小的面外扰动就会引起大的面外变形,使结构无法保持原有的受载平衡状态,如原先受压呈直线平衡状态的杆件在失稳后会以面外弯曲形式继续承载。需要注意的是,由多构件组成的复杂结构系统,即使在其他载荷类型(如拉伸或弯矩)作用下,其中的某些构件可能会受到压剪内力,进而在内部产生压应力,此时同样会有稳定性问题。由此可见,稳定性问题的指向性虽然强,但仍需具体问题具体分析,不可一概而论。

(2)多样性。结构的失稳形式具有多样化的特点,例如,轴心受压构件或板件的弯曲屈曲是最为常见的失稳形式,但在某些情况下,可能出现扭转失稳或既弯又扭等多种形式。除了受压构件外,结构中有些杆件或板件在原始结构中处于受拉状态,但在考虑结构变形或载荷重新分配时,也会出现由拉转压的情况。

(3)整体性。在复杂结构体系中的某根杆件或某块板件发生失稳变形后,结构内力会重新分配,它必然牵动与其刚性(或半刚性)连接的其他构件。不能孤立地去分析单个构件的稳定性,而应考虑其他构件对它的约束作用,这种约束作用需要通过结构的整体分析加以确定。

(4)相关性。结构或构件不同失稳形式(模式)之间的耦合作用,如构件局部失稳与整体失稳、弯曲失稳与弯扭失稳、板件与板件之间的板组效应等。

1.3　结构稳定性的分类

1.3.1　结构稳定性分类依据

在工程实践中,受载结构的失稳形式有很多种。按照不同的分类标准,有不同的分类结果。较为常见的几种稳定性分类方法如下[6-7]。

(1)按结构缺陷分:完美理想结构、含缺陷结构。

(2)按失稳性质分:分支点失稳、极值点失稳、跃越(snap-through)失稳。

(3)按几何变形分:线性小变形失稳、非线性大变形失稳。

(4)按影响范围分:整体失稳、局部失稳。

(5)按载荷类型分:静力失稳、动力失稳。

(6)按材料特性分:弹性失稳、塑性失稳。

本书讲解其中前四种分类方式,即按结构缺陷、按失稳性质、按几何变形以及按影响范围分类,重点介绍按失稳性质分类。本书讨论的稳定性问题仅考虑最为常见的静力载荷和材料弹性承载情形,对于后两种分类形式不赘述。

1.3.2 按结构缺陷分类

根据是否考虑结构中各类型的缺陷情形,可以把稳定性分析的结构分为完美理想结构和含缺陷结构。完美理想结构是指理论计算和数值分析时均假设结构处于几何形状光滑规整、材料属性完美无瑕、载荷施加精确到位等完美理想状态。然而,完美理想结构在现实中并不存在,含缺陷结构才是真实存在的结构形式,这是因为任何结构在加工、制造和使用过程中都不可避免地存在各种各样的缺陷类型。早在 20 世纪初期,研究人员就已发现轴压薄壁筒壳结构的实验测试承载能力与经典线弹性理论预测值存在巨大差异。结构初始缺陷的存在会影响结构的稳定性,进而降低其承载能力。图 1.18 为不同几何缺陷幅值 ξ 下曲壳轴压载荷与压缩位移的响应曲线,可清晰看到曲壳屈曲载荷值(即曲线最高点)随缺陷幅值 ξ 的增加而显著下降,结构的承载性能出现不可忽视的降低,这表明在屈曲分析中若不合理考虑缺陷的影响,将会危及使用安全。

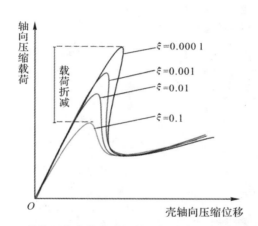

图 1.18　结构屈曲载荷值随初始几何缺陷幅值 ξ 的变化规律

常见的结构缺陷类型有几何形状缺陷、加载缺陷、厚度缺陷、材料缺陷、加工缺陷等。下面简单介绍这几种常见缺陷形式的物理概念以及对结构稳定性的影响特点。

几何形状缺陷是指受当前制造和加工技术水平的限制,结构的真实几何形状与理想情况往往存在一定程度的微小差异。该缺陷主要针对薄壁结构,其具体表现形式为平板的表面不"平"以及曲壳的表面不"光滑"。如图 1.19 中的薄壁筒壳结构,在理论分析和计算中,都假设该结构外形为理想的完美光滑表面[见图 1.19(a)],然而在用激光扫描并放大加工制造出来的曲壳表面后可以发现,其表面并不是绝对光滑的,而是凹凸不平的不规则形状。在理论分析和计算中可以将假设或真实扫描得到的几何形状缺陷直接引入结构几何模型中,通过修改结构的几何形状,以考虑缺陷对屈曲特性的影响。已有研究表明,几何形状缺陷是薄壁结构屈曲分析中最为常见的缺陷类型,同时也是对结构屈曲性能影响最大的缺陷形式,即结构屈曲载荷值对几何形状缺陷最为敏感。

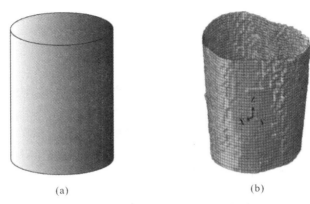

(a) (b)

图 1.19　薄壁筒壳的几何形状缺陷

(a)无缺陷；　(b)几何缺陷(×100)

　　加载缺陷是指结构在试验测试或实际服役过程中不可能确保所受到的载荷完全不偏心(沿轴向或面内)。图 1.20(a)是轴压筒壳物理实验中偏心加载的示意图,在理论分析和计算中可以将理想加载[见图 1.20(b)]的均布载荷转换为非均布加载[见图 1.20(c)],进而引入加载缺陷对屈曲性能的影响。载荷偏心所引起的附加弯矩会使结构提前发生失稳,一般认为加载缺陷对结构屈曲承载能力的影响仅次于几何形状缺陷。

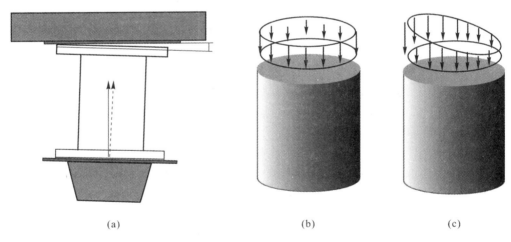

(a) (b) (c)

图 1.20　加载缺陷

(a)偏心加载示意；　(b)理想加载模型；　(c)偏心加载模型

　　厚度缺陷对尺寸较薄的薄壁结构尤为显著,越薄的板其厚度值在加工制造过程中越不易精准控制,保证曲板的加工厚度难度越大。这样一来,理论上厚度均匀的薄壁结构,其实际厚度在各个位置的值不再一致。与几何形状缺陷的区别是,厚度缺陷在模拟时一般不考虑几何中面的偏心效应,而几何形状缺陷是一种自然存在偏心的缺陷形式。因此,厚度缺陷对结构屈曲特性的影响较几何形状缺陷要小一些。

　　还有两种常见的缺陷类型对稳定性的影响较小,但在开展缺陷敏感性精细分析时仍需加以考虑。一种是材料缺陷,即材料的力学性能常数,如弹性模量、剪切模量、热膨胀系数等会与标准值存在一定偏差。这种偏差一般呈正态分布规律,如弹性模量分布形式,如图 1.21 所示。复合材料铺层的纤维角度以及单层厚度存在的偏差也可以看成是一种形式的材料缺陷。由于材料缺陷分布形式的特殊性,其不一定会引起屈曲载荷下降,也有可能会提高屈曲载荷值。另一种是加工缺陷,主要是指结构加工制造过程中存在的裂纹、气孔、砂眼和配合误差等,这类缺陷一般会造成结构局部的应力集中或刚度损失。

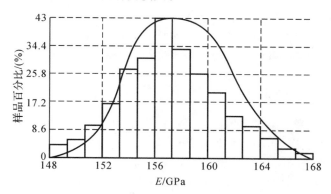

图 1.21　材料弹性模量呈正态分布规律

需要说明的是,并不是结构的所有力学响应分析都需要考虑缺陷对其的影响作用。如结构的静刚/强度指标(位移、应力应变等)受各种类型缺陷的影响极小,可以忽略不计。因此,一般会在结构稳定性分析中考虑缺陷对稳定性响应特性的影响,这是因为缺陷的存在会显著改变结构的稳定性。一般把结构稳定性响应,尤其是屈曲载荷值受缺陷影响的程度称为结构的缺陷敏感性。随缺陷增大,屈曲载荷值下降得越多,则表明该结构的缺陷敏感性越强,反之则越弱。依据 Koiter 的初始后屈曲理论,结构的缺陷敏感程度实际上与其初始后屈曲阶段的承载稳定性密切相关,而初始后屈曲的承载稳定性又由结构构型决定。图 1.22 给出了不同曲率板的面内压缩位移随载荷的变化曲线,可以看出当板的曲率较小(曲率 $k < 8$ 时),结构在初始后屈曲段内仍具备一定的承载能力,即承载稳定性较好。

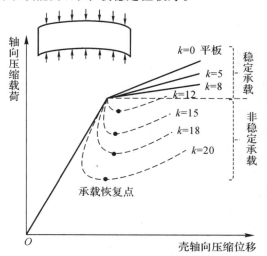

图 1.22　后屈曲承载响应随壳体中面曲率 k 的变化

当板的曲率进一步增大时,其在初始后屈曲段不具备承载能力,响应曲线存在明显的载荷极值点,处于非稳定承载状态。结构在初始后屈曲段的承载稳定性越弱(板曲率越大),即响应曲线在临界点处的斜率越低,则其缺陷敏感性越高,即缺陷增大造成的屈曲载荷值下降越明显。后屈曲稳定承载的结构,如平板,其屈曲响应对缺陷的敏感性很弱。

1.3.3 按失稳性质分类

按失稳性质进行分类依据的是结构失稳时承载响应曲线及屈曲临界点的特点,共可分为三大类,分别是分支点失稳、极值点失稳和跃越失稳。下面详细阐述这三种失稳类型各自的特点和适用对象。

1. 分支点失稳

分支点失稳又称为第一类稳定问题。以压杆失稳为例,如图 1.23 所示,当压力未超过临界值时,构件保持平直状态,当到达临界载荷时,响应曲线在点 a 产生岔道,出现两个可能的平衡路径 ab 和 ab',响应沿哪条平衡路径取决于扰动形式。由此可见,分支点失稳的典型特征是挠度随载荷变化曲线在临界载荷点处出现两种或两种以上平衡分岔的现象。

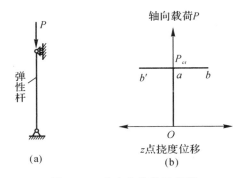

图 1.23 分支点失稳示意图
(a)压杆失稳; (b)响应曲线

根据临界点处的两条分支路径关于原先平衡路径是否对称来分类,可将分支点失稳分为两大类,即对称分支失稳和非对称分支失稳。图 1.24(a)(b)分别给出了压杆对称及非对称失稳的挠度响应曲线。下面依次介绍分支点失稳的这两大类型。

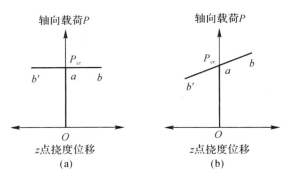

图 1.24 分支点失稳类型
(a)对称分支失稳; (b)非对称分支失稳

（1）对称分支失稳。根据结构失稳后是否仍具有承载能力来分类，可将对称分支失稳分为稳定和不稳定两种。

稳定对称分支失稳是指结构失稳后随挠度增大，载荷还会增大，即结构没有彻底失去承载能力，可参见分支点 a 处的响应曲线 ac 和 ac'，如图 1.25 所示。但需注意的是，此时载荷稍微增大，就会产生很大的挠度变形，改变原先受载状态的过大变形可能会影响结构的使用功能性，在结构设计中通常是不被允许的。发生稳定对称分支失稳的常见受载结构类型有理想轴心受压杆件、理想面内受压平板等。

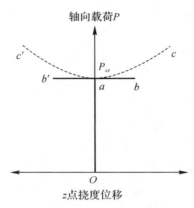

图 1.25　稳定对称分支失稳

如前所述，真实结构中总存在各种各样的缺陷，可能会使结构临界失稳载荷降低。以压杆失稳为例，假设含几何缺陷的直杆形状如图 1.26(a) 中虚线所示，缺陷影响下挠度随载荷变化的响应曲线如图 1.26(b) 中的虚线所示，可见几何缺陷的存在会使分支点所对应的临界载荷值下降。

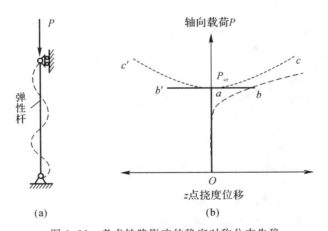

图 1.26　考虑缺陷影响的稳定对称分支失稳
(a)引入压杆的几何形状缺陷；　(b)考虑几何形状缺陷的稳定对称分支失稳

非稳定对称分支失稳是指结构失稳后随挠度增大，外载荷必须要下降才能维持结构的平衡状态，即结构彻底失去承载能力。以轴压筒壳结构为例，该结构在分支点处的响应曲线为图

1.27 中的 ac 和 ac',该结构也是发生非稳定对称分支失稳的典型结构形式。

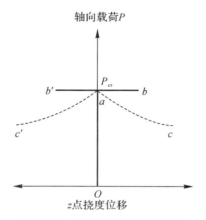

图 1.27　非稳定对称分支失稳

　　若在不稳定分支失稳的结构中引入缺陷,则其失稳类型会由分支点失稳转变成极值点失稳,相应的临界屈曲载荷也会降低。如图 1.28 所示,如果考虑含几何形状缺陷的薄壁筒壳构型[见图 1.28(a)中的虚线],缺陷影响下其挠度随载荷变化的响应曲线为图 1.28(b)中的虚线,可见几何缺陷的存在会使分支点转变为极值点,所对应的临界载荷值也显著下降。如前所述,初始几何缺陷对含非稳定后屈曲分支的结构稳定性特性影响较大,上述轴压薄壁筒壳结构是一个常见例子。

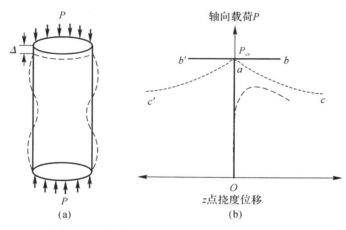

图 1.28　考虑缺陷影响的非稳定对称分支失稳
(a)引入筒壳的几何形状缺陷;　(b)计及几何形状缺陷的非稳定对称分支失稳

　　(2)非对称分支失稳。非对称分支失稳的挠度响应曲线在临界点 a 处有两条分支路径,一条为稳定平衡路径 ab,另一条为不稳定平衡路径 ab',如图 1.29 所示。结构在临界点处沿哪条分支路径变形取决于扰动类型和方式。受压薄壁曲板是发生非对称分支点失稳的典型结构,从能量角度看,结构在临界点处总是倾向于往不稳定平衡路径发展。若在发生非对称分支失稳的结构中引入缺陷,则其挠度响应曲线为图 1.29 中下方的虚线。可见在稳定分支路径部分,考虑缺陷后其分支点对应的载荷值略有下降,而不稳定分支路径在考虑缺陷效应后,分支点会转变为极值点,所对应的临界载荷值也显著下降。

下面总结分支点失稳类型的主要特点。分支点失稳仅发生在几何形状规整对称、加载均匀不偏心的受载结构中,如理想的轴心直压杆、均匀轴压的光滑筒壳,以及面内受压的平板等。对此类结构需要施加侧向扰动才能在分支点处激发屈曲变形,若没有扰动激励则永远不会出现失稳变形。如图 1.30 所示,理想轴向压杆在没有侧向扰动时其挠度响应曲线在分支点 a 处不会发生分叉,继续保持原先的直线承载状态(线段 ac),没有出现侧向挠度变形。需要注意的是,分支点失稳在实际结构中是不可能发生的,这是因为真实结构中总是存在各种缺陷,会改变分支点特性,而分支点失稳是最典型的失稳类型,对分析实际复杂问题具有很大的参考价值。

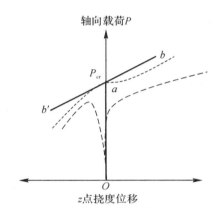

图 1.29　非对称分支点失稳

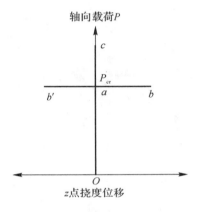

图 1.30　无扰动时的分支点失稳

2. 极值点失稳

极值点失稳属于第二类稳定问题。与分支点失稳的挠度曲线相比,极值点挠度响应曲线存在一个明显的极值点,该极值点对应的载荷值即为结构的临界屈曲载荷,在失稳临界点处仅存在一条不同形变的平衡路径,不存在分叉点。如图 1.31 所示,在极值点前,结构的面外挠度随载荷增大持续增大,但结构仍处于稳定平衡状态。挠度响应曲线从未变形状态到极值点前的这一段(曲线 Ob)称为结构的前屈曲响应,前屈曲响应又由两个阶段(曲线 Oa 和 ab)组成。其中,结构在响应曲线的 Oa 段仍处于线弹性小变形,可见该段响应曲线仍处于线性范畴,而结构在响应曲线的 ab 段发生了线弹性几何非线性变形,

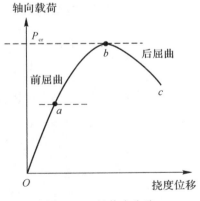

图 1.31　极值点失稳

大变形效应使该段响应曲线呈现明显的非线性特性。载荷加到 b 点后结构失稳,对应的临界屈曲载荷也称为极值点屈曲载荷。过极值点 b 后结构丧失承载能力,如曲线 bc 段,此时结构必须在降低外载荷后才能保持平衡状态。

实际结构的稳定性问题属于第二类稳定问题,一般多发生在以下两大类结构中:①结构本

身几何形状不对称或加载存在偏心。图 1.32(a)中的面内受压加筋板,筋条的存在使其几何构型和面内刚度关于加载平面不对称,承载响应曲线有明显的极值点。图 1.32(b)中的偏心受压构件由于存在直接的加载偏心作用,其挠度响应曲线由理想压杆的稳定分支点转变为极值点类型。②由不稳定分支失稳转变成的极值点失稳。在给含不稳定分支路径的结构引入缺陷后,原先的分支点失稳就会变为极值点失稳。如图 1.33 所示,理想轴压筒壳结构失稳为不稳定分支类型,若在结构中引入几何形状缺陷[见图 1.33(a)中的虚线]则其响应曲线会由图 1.33(b)中的分支型(AB 和 AB')转变为极值点类型[见图 1.33(b)中虚线]。

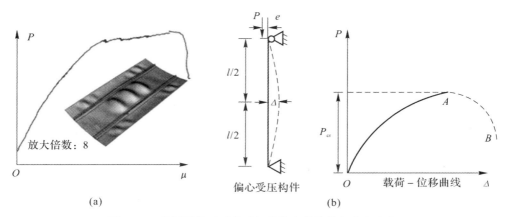

图 1.32　几何形状不对称或加载偏心结构的极值点失稳
(a)面内受压加筋板;　(b)偏心受压构件

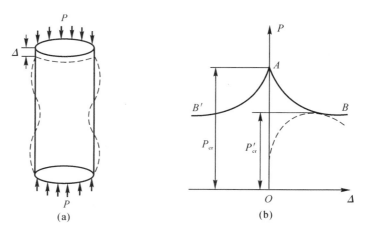

图 1.33　不稳定分支失稳引入缺陷后转变为极值点失稳
(a)均匀轴压筒壳;　(b)均匀轴压筒壳的响应曲线

3. 跃越失稳

跃越失稳是第三类稳定性问题。以图 1.34(a)中面外受压的拱形壳为例,其挠度随载荷变化的曲线绘制在图 1.34(b)中,当面外压载荷增大到最高点 a 时,结构的平衡状态会发生明显的跳跃,突然过渡到另一个不相邻的具有较大位移的平衡状态 c ,故而被叫作跃越(snap-through)失稳。跃越型失稳响应曲线既不产生平衡分支,也没有极值点,一般多发生于受面外载荷作用的拱形结构中。

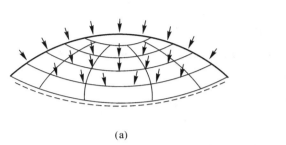
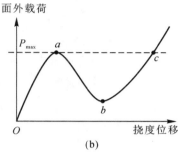

(a)　　　　　　　　　　　　　　　　(b)

图 1.34　跃越失稳

(a)面外受压拱形壳;　(b)拱形壳的挠度响应曲线

综上,按失稳性质可将结构稳定性问题分为分支点失稳、极值点失稳和跃越失稳。本小节详细阐述了这三种失稳类型各自的特点,见表 1.1。

表 1.1　三种失稳类型对比

稳定性问题	第一类稳定性问题	第二类稳定性问题	第三类稳定性问题
失稳性质	分支点失稳	极值点失稳	跃越失稳
临界载荷	分支载荷	压溃载荷	极值载荷
临界点平衡路径	两条或以上	一条	一条
实际应用	理想完美结构	实际结构	实际结构
典型例子	轴向受压杆、面内受压板、轴压筒壳	偏心受压结构、实际含缺陷结构	受面外载荷的拱形结构

1.3.4　按几何变形分类

根据在分析结构稳定性问题时是否考虑屈曲前后可能的大挠度变形,可将结构稳定性问题分为基于大挠度分析的稳定性问题和基于小挠度分析的稳定性问题这两种类型。其中,小挠度分析法假设结构仅发生微小的变形,不考虑变形对几何形状的影响,认为变形引起的结构刚度变化可以忽略不计,可用近似公式来计算位移。当结构变形较小时,小挠度假设是不影响分析精度的,然而对于稳定性问题,结构失稳后会产生较大的面外挠度,此时若仍在原先未变形的结构构型上进行分析,则会产生较大的误差,故而要在考虑变形后的新构型上重新进行分析,这就是结构的几何非线性效应。因此,若在结构稳定性分析中考虑几何非线性效应则归属于大挠度稳定性问题。需要注意的是,结构在发生屈曲后必然会出现较大的挠度变形,然而对于某些结构,如偏心压杆、受压曲板等,可能在前屈曲阶段就会发生较大的挠度变形,此时为了获得准确的屈曲临界载荷值,需要在前屈曲阶段就考虑结构的几何非线性效应。

结构几何非线性效应反映在力学响应曲线上的特点如图 1.35 所示,理想受压杆的轴向压缩位移随载荷呈线性变化,图 1.35(a)中的线性曲线表明此时结构处于线性小变形范畴。对于偏心受压杆,图 1.35(b)中其面外挠度随载荷变化的响应曲线有显著的非线性特性,在结构发生屈曲前就已经有了较大的挠度变形,必须要在屈曲分析中考虑几何非线性效应。

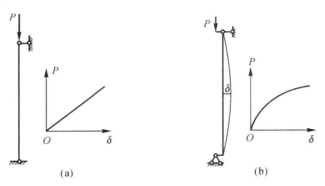

图 1.35　压杆线性响应与非线性响应的区别
(a)线性响应；　(b)非线性响应

综上所述,在考虑大的变形及变形对几何形状的影响后,大挠度分析法获得的失稳响应曲线与小挠度分析法有较大区别。以图 1.36 中的理想压杆失稳为例,该结构在失稳前为小挠度变形,因此两种分析方法所得到的前屈曲响应(OB 段)及其中的任意平衡状态(如 A 点)均完全吻合。加载过分支点(B)后进入后屈曲承载状态,此时结构会发生较大的挠度变形。采用小挠度分析方法得到的后屈曲响应曲线(BD')为一条水平直线,同一载荷值(P_{cr})对应多种变形状态,表明结构失稳后可以在任意构型下随遇平衡,这显然是不符合实际情况的。然而,若采用大挠度分析法则后屈曲响应曲线(BD)为一条非线性曲线,结构后屈曲阶段在某一载荷水平下的平衡状态是唯一的,如载荷 P_2 对应的 D 点有着唯一的挠度变形,表明结构失稳后不会出现随遇平衡,是符合实际情况的。由此可见,对于前屈曲发生线性小变形的结构而言,大挠度和小挠度两种分析方法对前屈曲以及分支点的计算是完全一致,区别在于发生大挠度变形的后屈曲阶段。

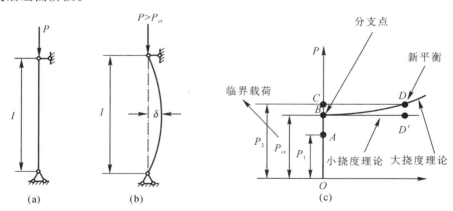

图 1.36　理想压杆大挠度和小挠度稳定性分析的差异
(a)直线平衡状态；　(b)弯曲平衡状态　(c)载荷-位移曲线

在大挠度和小挠度分析方法中,是否考虑结构缺陷所得到的稳定性响应曲线也存在较大差异。图 1.37(a)和图 1.38(a)分别给出了无缺陷和含缺陷结构大挠度分析的曲线,可以看出,考虑缺陷后稳定分支失稳的分叉点提前,在较远的后屈曲阶段可能存在极值点,而不稳定分支失稳则直接转变为极值点失稳。图 1.37(b)和图 1.38(b)分别给出了无缺陷和含缺陷结构小挠度分析的曲线,可见在小挠度分析中考虑缺陷会造成分支点提前,其后屈曲响应曲线则无限逼近于无缺陷的情况。大挠度和小挠度稳定性分析的差异如图 1.39 所示,包括无缺陷和含缺陷两种情况。

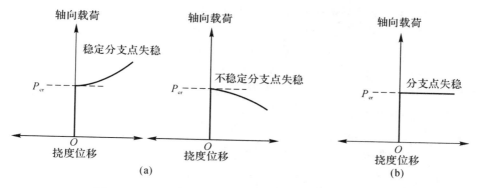

图 1.37　无缺陷结构大挠度和小挠度稳定性分析的差异
(a)无缺陷结构大挠度分析;　(b)无缺陷结构小挠度分析

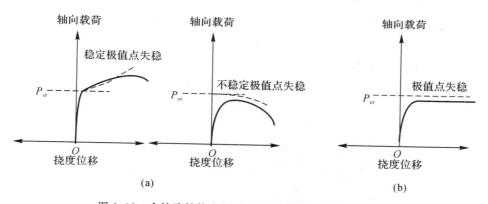

图 1.38　含缺陷结构大挠度和小挠度稳定性分析的差异
(a)缺陷结构大挠度分析;　(b)缺陷结构小挠度分析

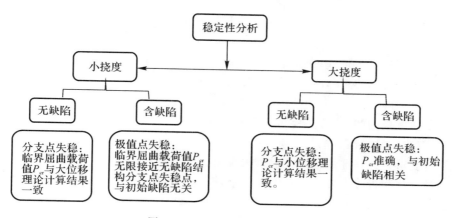

图 1.39　按几何变形分类小结

1.3.5　按影响范围分类

按照结构失稳时屈曲变形在结构内部的影响范围可以分为局部失稳和整体失稳。其中,局部失稳是指结构的某些部分区域或某些构件发生失稳。图 1.40 给出了由三块板组成的工字形梁在轴压载荷作用下的局部屈曲现象,当压载荷较小时,其上侧翼缘板首先出现失稳(图中的左侧工字梁),随着压载荷进一步加大,其上侧翼缘板失稳变形增大的同时中间腹板也开始发生失稳(图中右侧工字梁),但此时在这两个载荷水平下,工字形梁的总体轴线仍保持直线状态,屈曲变形仅限于上侧翼缘板和中间腹板,整体结构仍具备一定的剩余承载能力。与局部失稳现象不同,整体失稳是指结构发生整体的失稳破坏,其屈曲变形将影响结构的整体区域,结构整体的平衡状态发生改变,可能不再具备承载能力。图 1.40 中,工字形梁的轴向压载若进一步增加,则其下侧翼缘板也将发生失稳,那么意味着工字形梁总体轴线出现了整体弯曲,不再保持原先的直线状态,即发生了整体失稳。

在实际情况下,结构的整体失稳和局部失稳之间并不是完全独立的,局部失稳降低了整体结构的刚度,而整体失稳使结构发生最终的垮塌。需要注意的是,在线性小挠度理论框架下,整体屈曲模态与局部屈曲模态相互正交,互不影响,其屈曲载荷可单独求解。然而,在非线性大挠度理论框架下,必须考虑后屈曲范围内的大挠度变形,整体屈曲与局部屈曲的相互作用就变得很重要。由于后屈曲范围内的相互作用,结构的初始后屈曲性能会发生改变。即使整体或局部的初始后屈曲承载能力上升,但在很多情况下,相互作用下的初始后屈曲承载力是下降的。当整体和局部屈曲临界载荷比较接近时,后屈曲承载力下降得最多,这时的初始缺陷敏感性也最大。

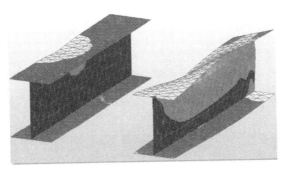

图 1.40　翼缘板、腹板局部失稳

需要再次强调的是,结构出现初始局部屈曲并不意味着其完全丧失承载能力,进入非线性屈曲状态后结构仍有高的承载能力。以图 1.41 中的面内受压加筋壁板发生局部-整体屈曲为例,其面内压缩位移随压载增大的响应曲线具有很强的代表性。随着压载的逐渐增加,加筋壁板先发生筋条间壁板的初始局部失稳,且局部屈曲变形仅发生在壁板上,在初始局部屈曲前其载荷-位移响应曲线呈线性关系。载荷进一步增加,使加筋壁板进入后屈曲承载状态,此时板面外的大挠度变形将几何非线性效应引入响应曲线中,后屈曲承载曲线表明结构在初始局部失稳后内力转移到附近没有发生失稳的构件上,因此仍具有一定的承载能力,但承载能力有所下降。当载荷进一步增加直到筋条也出现失稳时,就意味着加筋壁板发生板筋整体失稳,随即发生的就是整体压溃。将上述完整的加筋壁板承载响应历程用简化的示意曲线来描述,可见从初始局部屈曲到板筋整体失稳之间仍有较长一段距离,表明加筋壁板发生初始局部失稳后仍具备较好的后屈曲承载能力。

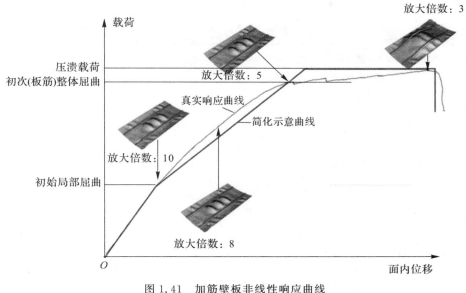

图 1.41　加筋壁板非线性响应曲线

1.4　本章小结

　　本章是结构稳定性分析的基础内容,是后续深入讲述稳定性理论与计算方法的重要前提。本章首先介绍了与结构稳定性相关的基础预备知识,明确了本书的内容和范畴;然后给出了结构稳定性的定义,阐述了稳定性问题的自身特点和重要性;最后重点讲解了结构稳定性的分类,明确了各类稳定性问题的区别及联系,其中按失稳性质分类是最为主要的分类形式。

参 考 文 献

[1]　周承倜. 薄壳弹塑性稳定性理论[M]. 北京:国防工业出版社,1979.

[2]　陈铁云,沈惠申. 结构的屈曲[M]. 上海:上海科学文献出版社,1993.

[3]　黎绍敏. 稳定理论[M]. 北京:人民交通出版社,1989.

[4]　陈骥. 钢结构稳定理论与设计[M]. 北京:科学出版社,2001.

[5]　梁珂. 结构几何非线性屈曲分析的有限元降阶方法研究[D]. 西安:西北工业大学,2012.

[6]　佚名. 施工专题-稳定(屈曲)-网络培训[EB/OL]. (2021-07-26)[2021-11-05]. https://wenku. baidu. com/view/db0c0c1e83c758f5f61fb7360b4c2e3f5627259c. html.

[7]　佚名. 结构力学-稳定计算[EB/OL]. (2021-07-01)[2021-11-25]. https://wenku. baidu. com/view/59fb33e61eb91a37f0115c46. html.

第 2 章　稳定性判定准则与计算方法

本章讲解分析结构稳定性问题的常用判定准则及计算方法，即静力法、能量法以及动力法[1]，其中重点介绍结构静稳定性分析中常用到的静力法和能量法[6-7]。在介绍过程中，以压杆失稳为例，给出各种方法的分析步骤、自身特点以及本质区别。

2.1　静　力　法

2.1.1　静力平衡法的基本概念

静力法也称静力平衡法或中性平衡法，是对结构的稳定极限载荷进行求解的最为基本的方法[1-3]。以经典的压杆失稳为例，如图 2.1 所示，具有平衡分支点的弹性稳定性系统在分支点 a 处存在两个非常临近的平衡状态：①原有的结构平衡状态，即直线平衡状态；②已经有了微小弯曲变形的结构平衡状态。静力平衡法根据产生了微小弯曲变形后的结构的受力条件来建立平衡微分方程，并进行求解。当符合条件的平衡方程的解不止一个时，最小的那一个解就是结构的分支屈曲载荷。

需要注意的是，平衡法只能用来求解结构的屈曲载荷，而不能够判断平衡状态的稳定性。在工程计算中，有时只需要获得结构的屈曲临界载荷，因此平衡法经常是不二之选。平衡稳定的静力准则可表达为：若系统处于某一平衡状态，且与其无限接近的相邻位置也是平衡的，则这一平衡状态是随遇的。

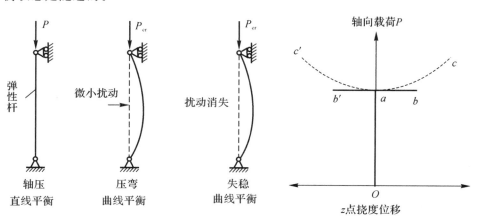

图 2.1　压杆受扰失稳

2.1.2 静力平衡法的基本流程

采用静力平衡法开展结构稳定性分析的计算流程如下：

(1)建立坐标系,绘制结构受力平衡图;

(2)建立结构在失稳临界状态下的平衡微分方程;

(3)求解获得该平衡微分方程的通解;

(4)令该通解满足问题所给定的边界条件及相容条件,从而得到一个以某些积分常数为未知量的线性齐次方程组(该方程组的零解对应于原始平衡状态,非零解对应于新的平衡分支);

(5)令线性齐次方程组有非零解可得到结构的稳定方程;

(6)求解稳定方程得到结构的临界载荷值。

下面以理想受压杆为例来详细阐述静力平衡法分析稳定性问题的具体过程。工程中两端铰支的细长压杆很常见,图 2.2 中的火车卧铺撑杆和屋顶网状桁架结构,这些杆件都仅受到沿其轴向的压力作用。当压杆轴线是理想直线时,压力 P 的作用线与轴线完全重合,而且材料是均匀连续的,这样的压杆是理想压杆。

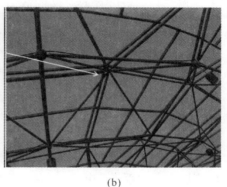

(a)   (b)

图 2.2 压杆受扰失稳

(a)火车卧铺撑杆; (b)屋顶网状桁架

  两端铰支的细长压杆如图 2.3 所示,杆长度为 l,轴压载荷为 P,可根据上面所列出的静力平衡法的六步分析流程来计算该压杆结构的临界屈曲载荷。

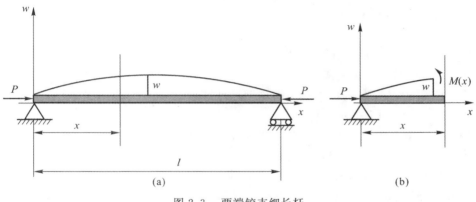

图 2.3 两端铰支细长杆

步骤 1:在压杆上建立坐标系,绘制结构的受力平衡图。坐标系原点位于杆的左端点,从左端点指向右端点的方向为杆件的轴向 x 方向,与之垂直的方向为挠度变形方向。在压杆微小弯曲状态下绘制结构的受力平衡图,用图 2.3(b) 图所示的截面法来分析内力。设在轴向力 P 作用下,压杆处于微弯平衡状态,当杆内应力不超过材料的比例极限时,在距原点长度为 x 的截面上,压杆的内力弯矩 $M(x)$ 为

$$EI \frac{\mathrm{d}^2 w}{\mathrm{d}x^2} = M(x) \tag{2.1}$$

式中:E 为材料弹性模量;I 为截面惯性矩;EI 即为杆的弯曲刚度。图 2.3(b) 中这一小段梁在轴压载荷 P 作用下所受到的外力弯矩为

$$M(x) = -Pw \tag{2.2}$$

步骤 2:建立结构在失稳临界状态下的平衡微分方程,根据内、外弯矩相等可得杆在微小弯曲状态下的弯曲平衡方程为

$$EI \frac{\mathrm{d}^2 w}{\mathrm{d}x^2} + Pw = 0 \tag{2.3}$$

步骤 3:求解平衡微分方程的通解。先令

$$k^2 = \frac{P}{EI} \tag{2.4}$$

则平衡微分方程可写为

$$\frac{\mathrm{d}^2 w}{\mathrm{d}x^2} + k^2 w = 0 \tag{2.5}$$

该微分方程的通解为

$$w = A \sin kx + B \cos kx \tag{2.6}$$

步骤 4:令该通解满足问题所给定的边界条件及相容条件,从而得到一个以某些积分常数为未知量的线性齐次方程组。其中,边界条件为杆两个端点处的挠度 w 均为零,即

$$w(0) = w(l) = 0 \tag{2.7}$$

将上述边界条件代入步骤 3 所得的通解中,可得

$$\left. \begin{array}{l} A \times 0 + B = 0 \\ A \sin kl + B \cos kl = 0 \end{array} \right\} \tag{2.8}$$

式中:A,B 为积分常数。求解该线性齐次方程组得 $B = 0,A \sin kl = 0$。其中 $A \sin kl = 0$ 存在两种情况,即 $A = 0$ 或 $\sin kl = 0$。对压杆失稳问题,如图 2.4 所示,这两种情况分别对应杆件在分支点 a 处的两种临界状态。情况 1 的解是 $A = 0$,对应结构原始平衡状态,即 $w = A \sin kx + B \cos kx = 0$ 的零解,为杆原先的直线平衡构型。可见该解并不是结构失稳时的平衡状态解。

步骤 5:令平衡方程组有非零解即可得到结构的稳定方程。情况 2 是线性齐次方程组(2.8)存在非零解,即 $\sin kl = 0$ 条件下,对应结构新的平衡分支(见图 2.4 中的曲线 ab)。由稳定方程 $\sin kl = 0$ 可知 $kl = n\pi$,再结合

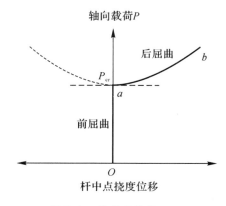

图 2.4 分支点状态

式(2.4)可得压杆失稳计算的经典欧拉公式,即

$$P = \frac{n^2 \pi^2 EI}{l^2}, \quad n = 1, 2, \cdots \tag{2.9}$$

步骤6:获得压杆结构的临界载荷值。根据欧拉公式知:当 $n = 1$ 时,P 最小,得两端铰支压杆临界力的欧拉公式为

$$P = \frac{\pi^2 EI}{l^2}, \quad n = 1, 2, \cdots \tag{2.10}$$

步骤7:获得结构临界载荷所对应的变形。由于 $B = 0$,通解[式(2.6)]可表达为

$$w = A \sin \frac{\pi}{l} x, \quad 0 \leqslant x \leqslant l \tag{2.11}$$

因此可知,压杆的临界屈曲模态为半个正弦波,其形状如图 2.5 所示。

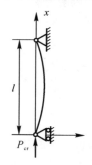

图 2.5　临界屈曲模态

最后,采用欧拉公式计算理想压杆临界屈曲载荷及相应屈曲模态,结果为

$$P = \frac{n^2 \pi^2 EI}{l^2}, \quad w = A \sin \frac{\pi}{l} x, \quad n = 1, 2, \cdots, \quad 0 \leqslant x \leqslant l \tag{2.12}$$

如图 2.6 所示,当 $n = 1, 2, 3, \cdots$ 时,P 对应压杆失稳的各阶屈曲载荷,w 则为相应的各阶屈曲模态。$n = 1$ 时的屈曲载荷为值最小的临界屈曲载荷,对应的变形为半个正弦波。随着 n 增大,各阶屈曲载荷对应模态变形的半波数目也逐渐增多。在实际分析中,通常仅关心最低阶($n = 1$)时的屈曲载荷值,因为载荷一旦到达该值,结构就已经发生失稳,即可认为结构失效,其后屈曲阶段的承载往往并不重要。然而,高阶的屈曲载荷值和变形对理论研究及复杂结构设计仍具有较大的参考价值。

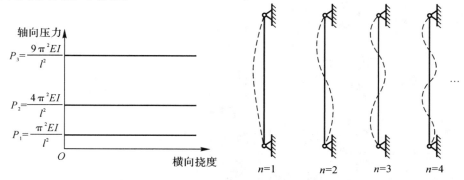

图 2.6　压杆失稳的各阶屈曲载荷及模态

例题:用图 2.7 所示的具体算例来演示压杆失稳问题的计算方法。图 2.7 中,两端铰支细长压杆的材料为 Q235 钢,其材料弹性模量 $E=200\,\text{GPa}$,抗压强度 $\sigma_s=235\,\text{MPa}$。该杆的长度 $l=850\,\text{mm}$,直径 $d=25\,\text{mm}$。

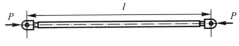

图 2.7 两端铰支细长压杆

用欧拉公式可直接计算此压杆的临界载荷,即

$$P_{cr}=\frac{\pi^2 EI}{l^2}=\frac{\pi^2 \times 200 \times 10^3\,\text{N/mm}^2}{(850\,\text{mm})^2}\times \frac{\pi \times (25\,\text{mm})^4}{64}=5.23\times 10^4\,\text{N}$$

需要注意的是,采用材料抗拉强度计算的临界载荷为

$$P_s=\sigma_s A=7.38\times 10^4\,\text{N}>P_{cr}$$

这表明由强度失效计算的压杆临界载荷值 P_s 要远大于由稳定性计算得到的临界载荷值 P_{cr},说明细长压杆的承压能力由稳定性要求确定,单纯的强度计算无法保证其使用安全,该结论在本书第 1 章中就已经给出。

2.1.3 不同约束下的压杆失稳

2.1.2 节中给出了两端铰支细长压杆的稳定性计算公式,即欧拉公式。然而,实际工程中压杆构件两端的约束情况可能不仅铰支这一种。如图 2.8 所示,常见的约束方式还有三种:一端自由,一端固定;一端铰支,一端固定;两端均固定。不同约束条件对结构稳定性的影响较大,因此仍需获得压杆在多种约束条件下的稳定性计算公式。可对经典欧拉公式进行修正,得到理想压杆在不同约束下临界载荷的一般计算公式为

$$P_{cr}=\frac{\pi^2 EI}{(\mu l)^2} \tag{2.13}$$

式中:μl 是杆件在不同约束下的有效长度或相当长度;μ 是长度系数,代表支承方式对临界载荷的影响。

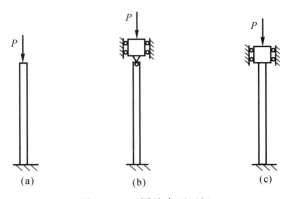

图 2.8 不同约束下压杆

(a)一端自由,一端固定; (b)一端铰支,一端固定; (c)两端均固定

表 2.1 给出了四种约束条件下式(2.13)中长度系数 μ 的具体取值。可见,当两端铰支时,

μ 等于 1,成为经典欧拉公式;当一端自由,一端固定时,$\mu=2$,相当于把两端铰支杆变长,临界载荷值下降;当两端固定和一端固定、一端铰支时,μ 分别等于 0.5 和 0.7,相当于把两端铰支杆变短,临界载荷值升高。总体来说,压杆失稳的临界载荷值随约束条件的增强而提高,反之则反。

表 2.1　约束条件与长度系数关系

压杆的约束条件	长度系数 μ
一端自由,一端固定[见图 2.8(a)]	2
两端铰支(见图 2.7)	1
一端铰支,一端固定[见图 2.8(b)]	0.7
两端均固定[见图 2.8(c)]	0.5

需要强调的是,压杆稳定性计算采用欧拉公式得到的临界载荷又称为欧拉临界载荷,欧拉公式的适用范围是线弹性、小挠度、压力沿杆件轴线,杆件为理想的匀质细长杆。

2.1.4　压杆稳定性的影响因素

由解析形式的欧拉公式可以直接得到屈曲临界载荷与受载结构的哪些因素相关,这也是解析分析方法物理指向性强的优势所在。从欧拉公式可以直接看出,临界载荷大小与 EI 成正比,与杆的有效长度 μl 的二次方成反比。从细节上讲,提高压杆稳定性的具体措施有以下四种:

(1)合理选择杆件的材料类型,比如,钢材的弹性模量 E 值要比铸铁、铜、铝的大,有利于提升屈曲临界载荷。

(2)合理选择杆件的截面形状,提高截面惯性矩的有效利用率。比如,从轻量化角度看,圆环比圆形截面的稳定性承载效率高、型钢比矩形截面的稳定性承载效率高。同时,还要注意惯性矩的对称性,图 2.9 中,截面(a)比(b)好,其沿 x 和 y 轴的抗失稳能力更均衡。

(3)尽量减少压杆长度,或在中部增设支座。杆的长度越短,抗失稳能力越强。

(4)改善杆件的支座形式,结构的约束程度越高,则抗失稳能力越强。

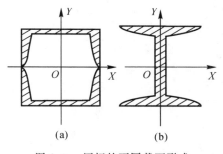

图 2.9　压杆的不同截面形式

例题:以图 2.10 中的两端铰支压杆为例,该杆件的截面形状为矩形($h > b$),分析并给出其失稳时的临界压力和失稳弯曲变形所在的平面。

分析过程:该杆件失稳时弯曲变形所在的可能平面有两个,分别为 xOy 和 xOz 平面,在这两个平面内发生失稳时的临界载荷是不一样的:

沿 xOz 平面发生弯曲失稳的临界载荷为

$$P_{cr} = \frac{\pi^2 EI_y}{l^2}$$

沿 xOy 平面发生弯曲失稳的临界载荷为

$$P_{cr} = \frac{\pi^2 EI_z}{l^2}$$

由于该矩形截面惯性矩 $I_z > I_y$,因此随着压载荷增加,杆件首先发生的是沿着 xOz 平面的弯曲失稳。由此可知,矩形截面杆的微小弯曲变形发生在抗弯能力最弱的纵向平面内,其截面放置方向将影响稳定承载能力。

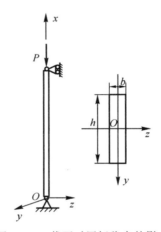

图 2.10　截面对压杆稳定的影响

2.1.5　欧拉公式的适用范围

先介绍压杆临界应力和压杆柔度这两个概念。压杆处于临界状态时横截面上的平均应力,称为压杆的临界应力。由欧拉公式计算的临界载荷除以杆截面面积即可得到相应的临界应力值:

$$\sigma_{cr} = \frac{P_{cr}}{A} = \frac{\pi^2 EI}{(\mu l)^2 A} \tag{2.14}$$

令

$$\lambda = \frac{\mu l}{\sqrt{\dfrac{I}{A}}} \tag{2.15}$$

则临界应力的计算公式又可写为

$$\sigma_{cr} = \frac{\pi^2 E}{\lambda^2} \tag{2.16}$$

式中:λ 是压杆柔度,为无量纲物理量,反映了压杆长度 l、长度系数 μ、横截面形状和尺寸(I、A)等因素的综合影响。压杆的柔度 λ 越大,其临界应力越小,压杆越容易发生失稳。针对圆

截面(直径为 d)压杆,其柔度计算公式可进一步写为

$$\lambda = \frac{\mu l}{\sqrt{\dfrac{I}{A}}} = \frac{\mu l}{\sqrt{\dfrac{\pi d^4/64}{\pi d^2/4}}} = \frac{4\mu l}{d} \tag{2.17}$$

由此可见,压杆柔度 λ 又可称为杆的长细比(l/d)。

需要注意的是,推导欧拉公式时用到胡克定律,只有当材料处于线弹性范围时才能成立,并不适用于所有压杆。下面根据杆长度将压杆分为细长压杆、中长压杆和短粗压杆三种,分别给出其临界应力的计算公式。

1. 细长压杆

欧拉公式是根据挠曲轴近似微分方程建立的,该方程仅适用于杆内应力不超过比例极限 σ_p 的情况,即

$$\sigma_{cr} \leqslant \sigma_p \tag{2.18}$$

令

$$\lambda_p = \sqrt{\frac{\pi^2 E}{\sigma_p}}$$

可得用杆柔度表征的欧拉公式的适用范围:

$$\lambda \geqslant \lambda_p \tag{2.19}$$

式中:λ_p 是比例极限的柔度值,该值仅与材料力学特性相关。欧拉公式仅适用于杆柔度大于比例极限柔度值的细长压杆。

比如,对 Q235 钢而言,其材料的弹性模量 $E = 2.06 \times 10^5$ MPa,比例极限 $\sigma_p = 200$ MPa,则对应比例极限的柔度值 λ_p 为

$$\lambda_p = \pi\sqrt{\frac{E}{\sigma_p}} = \pi\sqrt{\frac{2.06 \times 10^5}{200}} \approx 100$$

因此,对于以 Q235 钢为材料的压杆,其欧拉公式的适用范围为 $\lambda \geqslant 100$。

2. 中长压杆

在工程实际中,压杆的临界应力往往超过材料的比例极限,属于非弹性稳定问题。这类压杆的临界应力可通过解析方法求得,但通常采用经验公式进行计算,如直线公式:

$$\sigma_{cr} = a - b\lambda \tag{2.20}$$

直线公式适用于铸铁、合金钢和铝合金等材料。其中,系数 a,b 与材料有关。

直线公式的适用条件是压杆的临界应力小于材料极限应力(其中,塑性材料为屈服极限,脆性材料为强度极限),在临界状态下,有

$$\sigma_{cr} = a - b\lambda_s = \sigma_s \tag{2.21}$$

可得到极限应力的柔度值 λ_s 为

$$\lambda_s = \frac{a - \sigma_s}{b} \tag{2.22}$$

可得用杆柔度表征的直线公式的适用范围为

$$\lambda_s < \lambda < \lambda_p \tag{2.23}$$

可见,直线公式仅适用于杆柔度小于比例极限柔度值 λ_p、大于极限应力柔度值 λ_s 的中长压杆。表 2.2 给出了几种常用材料的 a,b,λ_p,λ_s 值。

表 2.2　三种常用材料的 a、b、λ_p、λ_s 值

材料		a/MPa	b/MPa	λ_p	λ_s
Q235 钢	$\sigma_s = 235 \text{ MPa}$ $\sigma_b = 372\text{MPa}$	304	1.12	100	61.4
硅　钢	$\sigma_s = 353 \text{ MPa}$ $\sigma_b \geqslant 510 \text{ MPa}$	577	3.74	100	60
优质碳钢	$\sigma_s = 306 \text{ MPa}$ $\sigma_b = 470 \text{ MPa}$	460	2.57	100	60

3. 短粗压杆

当压杆的柔度值小于极限应力的柔度值 λ_s 时，引起压杆的破坏是强度破坏，临界应力等于强度破坏时的应力值，即

$$\sigma_{cr} = \sigma_s \tag{2.24}$$

根据压杆的柔度值可将其分为三类，如图 2.11 所示，分别按不同的方式来计算临界应力。其中，$\lambda \geqslant \lambda_p$ 的压杆属于细长杆或大柔度杆，按欧拉公式计算其临界应力；$\lambda_s < \lambda < \lambda_p$ 的压杆称为中长压杆或中柔度杆，可按直线公式计算其临界应力；$\lambda \leqslant \lambda_s$ 的压杆属于短粗杆，称为小柔度杆，需按强度问题进行处理。

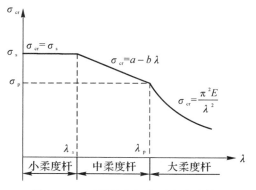

图 2.11　不同柔度杆临界应力计算

下面用具体的例子来阐述如何根据压杆柔性来选择合适的临界应力计算公式。图 2.12 所示为两根直径均为 d 的压杆，材料都是 Q235 钢，但二者的长度和约束条件各不相同，二者比例极限的柔度值为 $\lambda_p = 100$。请比较两根压杆的临界载荷。若已知 $d = 160 \text{ mm}$，$E = 200 \text{ GPa}$，求两根杆的临界载荷。

分析过程：由上述分析可知，不管压杆属于哪种类型，其临界应力始终与柔度成反比。因此可以通过比较柔度值来衡量两根压杆临界应力的大小。

比较两根杆的柔度：

由柔度计算公式 $\lambda = \dfrac{\mu l}{i}$，$i = \sqrt{\dfrac{I}{A}} = \sqrt{\dfrac{\pi d^4/64}{\pi d^2/4}} = \dfrac{d}{4}$，可知

杆(a)的柔度为

$$\lambda_a = \frac{1 \times 5 \text{ m}}{d/4} = \frac{20 \text{ m}}{d}$$

杆(b)的柔度为

$$\lambda_b = \frac{0.5 \times 9 \text{ m}}{d/4} = \frac{18 \text{ m}}{d}$$

显然,$\lambda_a > \lambda_b$,而 $P_{cr,a} < P_{cr,b}$,即杆(a)的临界载荷小于杆(b)。

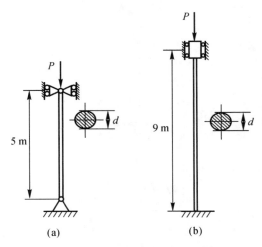

图 2.12　两种不同形式的压杆

再代入两根杆的截面参数可计算出其柔度值具体为

杆(a)的柔度值为

$$\lambda_a = \frac{20 \text{ m}}{d} = \frac{20\ 000}{160} = 125$$

杆(b)的柔度值为

$$\lambda_b = \frac{18 \text{ m}}{d} = \frac{18\ 000}{160} = 112.5$$

由于这两根杆的柔度均大于 $\lambda_p = 100$,因此两杆都是大柔度杆,其临界应力可直接用欧拉公式计算。

2.1.6　压杆的稳定性设计

从稳定性设计角度考虑,为了保证压杆能安全工作,要求压杆承受的压力 P 应满足下面条件:

$$P \leqslant \frac{P_{cr}}{n_{st}} \tag{2.25}$$

式中:P_{cr} 为压杆的临界失稳载荷;n_{st} 为稳定安全系数。n_{st} 的值一般由设计经验给出,通常情况下 n_{st} 为 1.8~8,但其同时也会受到材料的影响,比如钢杆 n_{st} 为 1.8~3,铸铁杆 n_{st} 为 5~5.5。

工程实际中,一般采用安全系数法进行设计,要求压杆的工作安全系数 n 不得小于其稳定安全系数 n_{st},即

$$n = \frac{P_{cr}}{P} = \frac{\sigma_{cr}}{\sigma} \geqslant n_{st} \qquad (2.26)$$

下面用具体的例子来介绍如何校核结构稳定性设计的安全性。在图 2.13 中，螺旋千斤顶的螺杆旋出段最大长度 $l = 375$ mm，小径 $d_1 = 40$ mm，材料为 45 钢，$\lambda_p = 100$，$\lambda_s = 60$。千斤顶的最大起重量 $P = 80$ kN，规定的稳定安全系数 $n_{st} = 4$。校核该螺杆设计的稳定性。

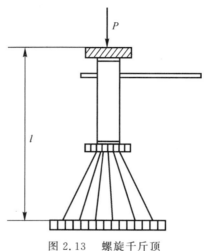

图 2.13　螺旋千斤顶

首先需要判断该压杆的类型，然后选择合适的临界应力计算公式。由于该千斤顶的螺旋杆可看作是一根下端固定、上端自由的压杆，故其长度系数 $\mu = 2$，其柔度为

$$\lambda = \frac{4\mu l}{d} = 75$$

经比较可知

$$60 = \lambda_s < \lambda < \lambda_p = 100$$

这表示可以用经验性的直线公式计算其临界应力，即

$$\sigma_{cr} = a - b\lambda = 589 - 3.82 \times 75 = 303 \text{ MPa}$$

然后，计算该压杆的工作应力为

$$\sigma = \frac{P}{A} = \frac{P}{\dfrac{\pi d_1^2}{4}} = 63.7 \text{ MPa}$$

最后，采用工作安全系数来校核压杆的稳定性，即

$$n = \frac{\sigma_{cr}}{\sigma} = \frac{303}{63.7} = 4.76 > n_{st}$$

由此可见，该压杆的工作安全系数 n 大于稳定安全系数 n_{st}，因此其稳定性设计是安全的。

2.1.7　大挠度压杆的稳定性

在讲述大挠度压杆的稳定性问题之前，先给出根据小挠度理论，采用欧拉公式计算两端铰支的等截面细长中心受压直杆的临界压力计算公式为

$$P_{cr} = \frac{\pi^2 EI}{l^2} \tag{2.27}$$

在该临界压力下，直杆屈曲时的失稳挠度曲线为

$$w(x) = \delta \sin \frac{\pi}{l} x \tag{2.28}$$

由失稳挠度曲线可知，压杆失稳时形状为半个正弦波，如图 2.14 所示，其中 δ 是一个未定的量，只要 δ 是一个小量，挠曲线公式均成立。这表明在线弹性稳定性理论的范畴内，受压直杆在临界压力处是一个随遇平衡状态，而实际中，这种随遇平衡状态是不存在的，由前面的分析得到这样的结论，其原因是采用了近似的线弹性稳定性理论，上述结论在第 1 章中曾提及。由此可见，要想进行更严格和合理的分析，特别是要得到真实的后屈曲响应，就需要应用非线性大挠度稳定性理论。下面阐述两种稳定性理论分析压杆失稳问题的本质差异。

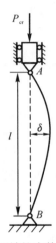

图 2.14　两端铰支等截面细长杆

小挠度理论给出的梁弯曲挠曲线的精确微分方程为

$$EI \frac{d^2 w}{dx^2} + Pw = 0 \tag{2.29}$$

该方程中将任意截面处的转角用挠度的一阶导数来近似，这在小挠度变形假设下是足够精确的，特别是在后屈曲阶段。若采用大挠度理论，则梁弯曲挠曲线的精确微分平衡方程应该为

$$EI \frac{d\theta}{ds} + P\sin\theta = 0 \tag{2.30}$$

式中：θ 为挠曲线上任一截面处的切线与 x 轴的夹角。可见大挠度理论不再采用挠度微分来近似描述转角。

通过求解上述非线性微分方程，可得挠曲线中点挠度 δ 与压力 P 之间的近似关系：

$$\delta = \frac{2\sqrt{2}\,l}{\pi} \sqrt{\frac{P}{P_{cr}} - 1} \left[1 - \frac{1}{2}\left(\frac{P}{P_{cr}} - 1\right) \right] \tag{2.31}$$

由上述压杆挠度随载荷变化的方程可知，只有当压力 $P \geqslant P_{cr}$ 时，压杆才可能出现挠度变

形,存在轴线非直线的平衡态,即直杆发生失稳,并且挠度 δ 与压力 P 之间存在一对一关系,即不存在随意平衡的状态。将式(2.31)描述的挠度曲线绘制在图 2.15 中,曲线 AB 即为大挠度理论计算得到的中点挠度 δ 与压力 P 在后屈曲阶段响应曲线,该曲线在 $P = P_{cr}$ 处的切线(虚线 AB')就是采用小挠度假设下挠曲线近似微分方程得到的 $\delta - P$ 曲线。可见,采用挠曲线近似微分方程得到的 $\delta - P$ 曲线在压杆微弯的平衡形态下,呈现随遇平衡的假象。图 2.15 中从下方逼近 AB' 的曲线即为小挠度假设下考虑缺陷影响得到的挠度响应曲线。

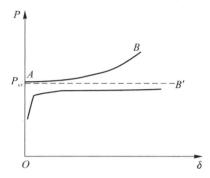

图 2.15   不同理论计算得到的压杆中点挠度 δ 与压力 P 响应曲线

2.2 能 量 法

下面介绍采用能量法求解结构稳定性问题的具体方法,并给出判定准则[1-3],在此过程中同样以压杆失稳为例,以便于比较能量法与静力法分析过程的差异[8-9]。

2.2.1 能量法的判定准则

结构的总势能是结构的应变能和外力势能之和。对于处于平衡状态的结构而言,其总势能必有驻值。根据势能驻值原理,可令总势能对位移的一阶变分为零,得到结构的平衡方程,然后由平衡方程来求解分岔屈曲载荷,如静力法中求解压杆微小弯曲状态下平衡方程得到的欧拉公式。

在小变形理论中,采用能量法通常只能获得结构屈曲临界载荷的近似解。但是,如果采用屈曲后的变形形式计算,就可以获得精确解。因此,将能量法与大挠度理论相结合,就可以判断屈曲后的平衡是否稳定。

采用能量法来重新分析图 2.16 中的三个处于平衡状态的小钢球,当有微小干扰作用时,三个钢球的势能均会发生变化,但它们的平衡位置势能对位移的一阶微分都为零,表明三个小球均处于稳定平衡状态。不同的是,图 2.16(a)中小球的势能具有最小值,势能的二阶微分为正值,其平衡状态是稳定的。而图 2.16(c)中小球的势能具有最大值,势能的二阶微分是负值,平衡状态是不稳定的。图 2.16(b)中小球势能的二阶微分为零,属于中性平衡。可知:

(1) 图 2.16(a)的平衡位置总势能最小,即二阶变分为正,处于稳定平衡状态;

(2) 图 2.16(c)的平衡位置总势能最大,即二阶变分为负,其平衡位置是不稳定的;

（3）图 2.16(b) 的平衡位置，总势能的二阶变分为零，相当于随遇平衡的临界状态。

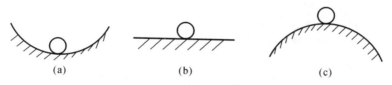

图 2.16　能量与平衡位置关系

由此可见，结构总势能二阶变分的符号可作为能量法的稳定性判定准则。然而，从另一个角度出发，当在外载荷作用下的弹性结构存在微小变形而偏离原来的平衡位置时，若应变能的增量 ΔU 大于外力功的增量 ΔW，即总势能增量 $\Delta \Pi > 0$，说明此时该结构仍然具有恢复到原先平衡位置的能力，则表明其处于稳定平衡状态。如果 $\Delta U < \Delta W$，即总势能增量 $\Delta \Pi < 0$，则结构由于处于不稳定平衡状态而导致失稳。由稳定平衡过渡到不稳定平衡的临界状态的能量关系是 $\Delta U = \Delta W$，此时结构处于中性平衡。

综上所述，能量法的稳定性判定，既可以用总势能二阶变分也可以用总势能增量。本质上说，二者是等价的。下面通过能量公式推导来论证这两种稳定性指标的等价性。将结构的总势能 Π 在某一已知状态处展开，即

$$\Pi = \Pi^* + \mathrm{d}\Pi + \frac{1}{2}\mathrm{d}^2\Pi + \cdots \tag{2.32}$$

则结构总势能的增量 $\Delta \Pi$ 为

$$\Delta \Pi = \mathrm{d}\Pi + \frac{1}{2}\mathrm{d}^2\Pi + \cdots \tag{2.33}$$

由于结构处于平衡状态时总势能的一阶微分 $\mathrm{d}\Pi = 0$，故从式（2.33）可知总势能增量 $\Delta \Pi$ 的正负与总势能二阶微分 $\mathrm{d}^2\Pi$ 的正负完全一致，二者作为稳定性判定准则是完全等价的。

再对式（2.33）进一步分析，结构的稳定性取决于总势能增量的正负，即总势能二阶微分的正负。由结构的总势能增量 $\mathrm{d}\Pi = \mathrm{d}\boldsymbol{u}^{\mathrm{T}}\psi = 0$ 且 $\mathrm{d}\psi = \boldsymbol{K}_{\mathrm{T}}\mathrm{d}\boldsymbol{u}$，其中 $\boldsymbol{K}_{\mathrm{T}}$ 为结构的切线刚度矩阵，得

$$\mathrm{d}^2\Pi = \mathrm{d}(\mathrm{d}\Pi) = \mathrm{d}(\mathrm{d}\boldsymbol{u}^{\mathrm{T}}\psi) = \mathrm{d}\boldsymbol{u}^{\mathrm{T}}\mathrm{d}\psi = \mathrm{d}\boldsymbol{u}^{\mathrm{T}}\boldsymbol{K}_{\mathrm{T}}\mathrm{d}\boldsymbol{u} \tag{2.34}$$

由式（2.34）可以看出，当结构的切线刚度 $\boldsymbol{K}_{\mathrm{T}}$ 正定的时候，结构处于稳定平衡状态。当结构的切线刚度负定的时候，则结构处于不稳定的平衡状态。综上所述，能量法作为稳定计算的近似分析方法，具有很好的直观性，不但能够得到结构的屈曲临界载荷，也可以进一步分析结构后屈曲状态的稳定性。

2.2.2　能量法的分析流程

以压杆失稳为例，给出能量法判定稳定性的基本流程。如图 2.17 所示，计算两端铰接轴心受压直杆的临界载荷。当 $P = P_{\mathrm{cr}}$ 时，压杆发生横向挠曲，在此微弯状态下杆件的弯曲应变能为

$$\Delta U = \frac{1}{2}\int_0^l \frac{M^2}{EI}\mathrm{d}x = \frac{1}{2}\int_0^l EI\,(y'')^2\mathrm{d}x \tag{2.35}$$

式中：M 为任一截面上的内力弯矩，弯曲应变能可进一步写为

$$\Delta U = \frac{1}{2}\int_0^l EI\left(\frac{\mathrm{d}^2 y}{\mathrm{d}x^2}\right)^2\mathrm{d}x \tag{2.36}$$

压杆在微弯状态下的外力势能为

$$\Delta W = -P\delta = -\frac{P}{2}\int_0^l (y')^2 \mathrm{d}x \tag{2.37}$$

下面采用几种常用的能量法来求解该压杆的临界屈曲载荷。

1. 铁摩辛柯能量法

当在外力作用下的弹性结构偏离其原来的平衡位置而存在微小变形时,如果应变能增量 ΔU 大于外力功的增量 ΔW,说明此结构具有恢复到原有平衡位置的能力,则此结构处于稳定平衡状态;如果 $\Delta U < \Delta W$,则结构处于不平衡状态而导致失稳;由稳定平衡过渡到不稳定平衡的临界状态的能量关系是:$\Delta U = \Delta W$。为此,将压杆应变能和外力势能增量的计算公式代入能量法表征的临界状态方程,整理后即可得到临界屈曲载荷:

$$P = \frac{EI\int_0^l (y'')^2 \mathrm{d}x}{\int_0^l (y')^2 \mathrm{d}x} \tag{2.38}$$

式中:$y(x)$ 是满足位移边界条件的任一可能的挠度曲线。

下面采用不同的挠度曲线假设方法来计算图 2.17 中两端铰接轴心受压直杆的临界载荷值。

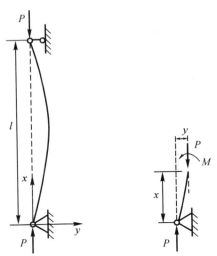

图 2.17　两端铰接轴心受压构件

方法一:假定压杆挠度曲线方程为

$$y = A\sin\frac{\pi x}{l} \tag{2.39}$$

式(2.39)满足位移边界条件 $y(0)=0$,$y(l)=0$ 和力学边界条件 $y''(0)=0$,$y''(l)=0$,将假设的挠度曲线代入式(2.36)和式(2.37)中,可得外力势能增量为

$$\Delta W = \frac{A^2\pi^2 P}{2l^2}\int_0^l \cos^2\left(\frac{\pi x}{l}\right)\mathrm{d}x = \frac{A^2\pi^2 P}{4l} \tag{2.40}$$

应变能增量为

$$\Delta U = \frac{A^2 \pi^2 EI}{2l^2} \int_0^l \sin^2\left(\frac{\pi x}{l}\right) \mathrm{d}x = \frac{A^2 \pi^4 EI}{4l^3} \tag{2.41}$$

依据能量法的稳定性临界状态 $\Delta U = \Delta W$，可得临界载荷值为

$$P_{cr} = \frac{\pi^2 EI}{l^2} \tag{2.42}$$

可见该临界载荷计算公式与欧拉公式精确值完全一致，这是因为所假定的函数 y 完全真实。采用能量法的精度取决于位移函数 y 的选择，选择得越合理，则计算精度越高，若假定的 $y(x)$ 是真实的，则可得到精确解。由于真实的 $y(x)$ 事先并不知道，故一般只能得到近似解。

在选择位移函数时应该考虑以下三点：

首先是形状合理，即假设的挠度函数应当接近结构屈曲时可能出现的变形形态。

其次要尽可能满足几、力学边界条件，至少满足几何边界条件。

最后要便于稳定性计算，一般选用多项式和三角函数，这样能够方便实施能量公式中对挠度函数的微积分运算。

下述是针对压杆挠度的其他假设方法。

方法二：假定压杆挠度曲线方程为

$$y = a + bx + cx^2 \tag{2.43}$$

采用与方法一相同的解法，可得临界屈曲载荷为

$$P_{cr} = \frac{12EI}{l^2} \tag{2.44}$$

该值比欧拉公式的精确解大 21%，能量法计算的临界载荷值比精确解大的原因是其假定的曲线不是真实曲线，曲线偏"硬"，相当于增加了约束。

方法三：假定压杆挠度曲线方程为

$$y = c(x^2 - xl) \tag{2.45}$$

采用式（2.37）计算外力势能增量为

$$\Delta W = \frac{P}{2} \int_0^l c^2 (2x - l)^2 \mathrm{d}x = \frac{Pc^2 l^3}{6} \tag{2.46}$$

根据平衡方程可得杆截面上的内力弯矩为

$$M = Py = Pc(x^2 - xl) \tag{2.47}$$

需要注意的是，此时应变能增量不采用基于挠度二阶导数的式（2.36）来进行计算，而是直接用内力矩的表达式（2.35）计算，即

$$\Delta U = \frac{1}{2} \int_0^l \frac{M^2}{EI} \mathrm{d}x = \frac{1}{2} \int_0^l \frac{P^2 c^2 (x^2 - xl)^2}{EI} \mathrm{d}x = \frac{P^2 c^2 l^3}{60EI} \tag{2.48}$$

由 $\Delta U = \Delta W$，得临界屈曲载荷为

$$P_{cr} = \frac{10EI}{l^2} \tag{2.49}$$

该解比精确解仅大 1.3%，精度比方法二高。然而，方法二和方法三所选择的位移函数是完全相同的二次函数，但方法三结果比方法二的精度高。这两个方法的唯一区别在于应变能增量的计算方式。方法三的效果比采用基于挠度二阶导数的应变能增量计算方法的效果好，这是因为假定的 $y(x)$ 不是真实的屈曲挠度曲线，则 y'' 的误差比 y 引起的误差更大，故采用式（2.48）来求 ΔU 可避免计算挠度的二阶导数，比用式（2.35）求 ΔU 的精度高。然而，若假定的

$y(x)$ 是真实的屈曲挠度曲线,两个公式计算的结果就会完全一样。虽然采用式(2.35)计算通常会比较简单,但其所引起的误差比式(2.48)大。

2. 最小势能原理

最小势能原理是指结构处于稳定平衡状态时,体系的总势能必为最小。压杆在临界稳定的微弯状态下,其总势能为

$$\Pi_P = \Delta U + \Delta W = \frac{1}{2}\int_0^l \left[EI(y'')^2 - P(y')^2 \right] \mathrm{d}x \tag{2.50}$$

根据最小势能原理,微弯状态下的平衡方程可由总势能一阶变分为零获得,即

$$\delta\Pi_P = 0 \tag{2.51}$$

当杆两端铰接时,其边界条件为

$$x = 0, \quad y = 0, \quad (y'')_{x=0} = 0; \quad x = l, \quad y = 0, \quad (y'')_{x=l} = 0 \tag{2.52}$$

将边界条件代入微弯平衡方程[式(2.51)],可得

$$\delta\Pi = \int_0^l (EIy^{(4)} + Py'')\delta y \mathrm{d}x + EI\left[y''\delta y' \right]_0^1 - EI\left[y'''\delta y \right]_0^1 - P\left[y'\delta y \right]_0^1 \tag{2.53}$$

微弯平衡方程可写为

$$EIy^{(4)} + Py'' = 0 \tag{2.54}$$

可见,该平衡方程与静力法推导得到的平衡方程完全一致。由此可知,采用最小势能原理,可以获得压杆在临界稳定状态下的平衡方程,然后假设挠曲函数采用静力平衡法的步骤,即可得到屈曲临界载荷。最小势能原理与静力平衡法的主要区别在于,静力平衡法需要通过结构受力分析建立临界稳定状态下的微弯平衡方程,而最小势能原理通过对总势能求变分即可直接获得平衡方程,对复杂构型及边界条件的适应性更好。

3. 瑞利-里兹法

瑞利-里兹(Rayleigh-Ritz)法是建立在势能驻值原理基础上的一个近似方法,用求解代数方程来代替求解原先的平衡微分方程。假定体系在中性平衡/临界稳定状态时的位移 u, v, w 可由一系列已知的坐标函数线性组合来表达,即

$$\left. \begin{aligned} u &= \sum_{i=1}^n a_i\phi_i(x,y,z) \\ v &= \sum_{i=1}^n b_i\psi_i(x,y,z) \\ w &= \sum_{i=1}^n c_i\eta_i(x,y,z) \end{aligned} \right\} \tag{2.55}$$

式中:a_i, b_i, c_i 是待定的 $3n$ 个独立参数,称为广义坐标;ϕ_i, ψ_i, η_i 是 $3n$ 个关于结构坐标 x, y, z 的连续函数,称为坐标函数,坐标函数是事先假设好的已知函数。将式(2.55)代入总势能 $\Pi = U + W$ 的表达式,根据势能驻值原理可得

$$\delta\Pi = \sum_{i=1}^n \left(\frac{\partial\Pi}{\partial a_i}\delta a_i + \frac{\partial\Pi}{\partial b_i}\delta b_i + \frac{\partial\Pi}{\partial c_i}\delta c_i \right) = 0 \tag{2.56}$$

式(2.56)即为能量法获得的结构临界状态下的平衡方程。其中 δa_i, δb_i, δc_i 是微小的任意值,故而该平衡方程成立的等价条件为这三个任意小量前的系数均为零,即

$$\left.\begin{array}{l} \dfrac{\partial \Pi}{\partial a_i}=0 \\[2mm] \dfrac{\partial \Pi}{\partial b_i}=0 \\[2mm] \dfrac{\partial \Pi}{\partial c_i}=0 \end{array}\right\} \quad (i=1,2,3,\cdots,n) \tag{2.57}$$

式(2.57)为关于 a_i,b_i,c_i 这 $3n$ 个独立参数的线性代数方程组,求解后可得出这 $3n$ 个参数,再代入位移公式(2.55)即可得到全部位移近似解。由此可见 Rayleigh-Ritz 法将原先需要求解的临界状态下的平衡微分方程等价转变为更易求解的线性代数方程组,求解后即可得到结构屈曲时的变形及临界载荷值。

4. 迦辽金法

采用迦辽金法求解压杆稳定性问题,同样是从压杆在临界微小弯曲状态下的体系总势能入手的,即

$$\Pi=U+\mathrm{W}=\frac{1}{2}\int_0^l \left[EI(y'')^2 - P(y')^2\right]\mathrm{d}x \tag{2.58}$$

利用分步积分可得微弯状态下的平衡微分方程:

$$\delta \Pi=\int_0^l (EIy^{(4)} + Py'')\delta y\,\mathrm{d}x + EI\left[y''\delta y'\right]_0^1 - EI\left[y'''\delta y\right]_0^1 - P\left[y'\delta y\right]_0^1 \tag{2.59}$$

再将杆两端铰支的边界条件式(2.52)代入式(2.59)中,得到

$$\delta \Pi=\int_0^l (EIy^{(4)} + Py'')\delta y\,\mathrm{d}x=0 \tag{2.60}$$

若令

$$L(y)=EIy^{(4)} + Py'' \tag{2.61}$$

则有平衡方程:

$$\int_0^l L(y)\delta y\,\mathrm{d}x=0 \tag{2.62}$$

假设轴心受压构件变形的曲线方程为

$$y=\sum_{i=1}^n a_i \phi_i(x) \tag{2.63}$$

式(2.63)将压杆挠度 y 用一系列已知基函数的线性组合来表示,其中的基函数 ϕ_i 必须既要满足位移边界条件,又要满足力学边界条件。

对压杆挠度 y 求变分可得

$$\delta y=\frac{\delta y}{\delta a_1}\delta a_1 + \frac{\delta y}{\delta a_2}\delta a_2 + \cdots + \frac{\delta y}{\delta a_n}\delta a_n \tag{2.64}$$

可将式(2.64)进一步写为

$$\phi_1(x)\delta a_1 + \phi_2(x)\delta a_2 + \cdots + \phi_n(x)\delta a_n=\sum_{i=1}^n \phi_i(x)\delta a_i \tag{2.65}$$

再将式(2.65)代入下式:

$$\delta \Pi=\int_0^l (EIy^{(4)} + Py'')\delta y\,\mathrm{d}x=0 \tag{2.66}$$

可得

$$\int_0^l L(y)\left[\sum_{i=1}^n \phi_i(x)\delta a_i\right]\mathrm{d}x = \delta a_1\int_0^l L(y)\phi_1(x)\mathrm{d}x + \delta a_2\int_0^l L(y)\phi_2(x)\mathrm{d}x + \cdots +$$
$$\delta a_n\int_0^l L(y)\phi_n(x)\mathrm{d}x = 0 \tag{2.67}$$

式(2.67)中的 δa_i 是不等于 0 的任意微小量,因此只当其系数为 0 时,式(2.67)才成立,这样就得到伽辽金方程组,即

$$\left.\begin{array}{c}\displaystyle\int_{x_1}^{x_2} L(y)f_1(x)\mathrm{d}x = 0 \\[2mm] \displaystyle\int_{x_1}^{x_2} L(y)f_2(x)\mathrm{d}x = 0 \\[2mm] \cdots\cdots \\[2mm] \displaystyle\int_{x_1}^{x_2} L(y)f_n(x)\mathrm{d}x = 0\end{array}\right\} \tag{2.68}$$

同样,该伽辽金方程组为线性代数方程组,并与压杆临界状态下的平衡微分方程组(2.60)完全等价。求解后可得出这 n 个参数 a_i,再代入位移公式(2.63)即可得到结构屈曲时的变形及临界载荷值。

相比静力平衡法,能量法的优点在于针对某些轴心受压构件,如变截面的构件或者压力沿轴线变化的构件,静力法得到的是变系数微分方程,求解十分困难,有时甚至无法求解,这时就需要采用能量法等近似计算方法求解。

2.2.3 Koiter 初始后屈曲理论

Koiter 初始后屈曲理论(又称 Koiter 理论)是在 1945 年由 Koiter 建立,但直到 20 世纪 60 年代中期才逐渐传播开来的近代稳定性理论。初始后屈曲理论把分支点附近足够小的领域作为研究对象,首先采用结构的势能驻值原理和稳定性的能量准则,基于摄动法讨论了完善无缺陷结构的分支点及屈曲形态,进而确定了分支点附近平衡状态的渐进解;然后用能量准则来判别分支点临界状态和初始后屈曲平衡状态的稳定性;最后研究了初始缺陷对结构初始后屈曲行为的影响,并提出了著名的缺陷敏感度的概念。然而,该理论作为一种渐进理论,局限于研究分支点附近的平衡状态,不能够对结构大范围的后屈曲行为以及较大的初始缺陷影响进行分析。

Koiter 理论认为:结构初始后屈曲阶段的性态完全取决于临界点处的平衡稳定或不稳定的性质,也可以说取决于该分支点是属于基本状态的稳定部分还是归于基本状态的不稳定部分。结构在临界点处能量的二次变分是半正定的,因此需要进一步研究其势能的高阶变分。

1. 屈曲临界点

对于一个受保守力作用的结构体而言,可以假设它的外载荷 P 是一个关于参数 λ 的线性函数,即

$$P(\lambda) = \lambda\hat{P} \tag{2.69}$$

则结构的总势能 $\Pi(u,\lambda)$ 可以写为

$$\Pi(u,\lambda) = \phi(u) - P(\lambda)u, \quad u \in U \subset V \tag{2.70}$$

式中:$\phi(u)$ 为结构的应变能;u 为从结构最初的静止状态开始测量的结构广义位移;u 是结构任意的许可位移场。对式(2.70)的结构总势能关于位移 u 求一阶变分即可得到结构的基本平衡状态,且设基本状态 $u = u^f(\lambda)$ 是参数 λ 的函数。

接下来,设 $\bar{u}$ 为从结构平衡路径中某一基本状态"O"开始测量的广义位移场,则有增量位移场:

$$\bar{u} = u - u_{\mathrm{o}}^{f}, \quad u_{\mathrm{o}}^{f} \equiv u^{f}(\lambda_{\mathrm{o}}) \tag{2.71}$$

将结构的总势能 $\Pi(u,\lambda)$ 在基本状态"O"处进行泰勒级数展开,得

$$\Pi(u) = \Pi(u_{\mathrm{o}}^{f}) + (\phi_{\mathrm{o}}' - \lambda_{\mathrm{o}}\hat{p})\bar{u} + \frac{1}{2!}\phi_{\mathrm{o}}''\bar{u}^{2} + \frac{1}{3!}\phi_{\mathrm{o}}'''\bar{u}^{3} + \frac{1}{4!}\phi_{\mathrm{o}}^{(4)}\bar{u}^{4} +$$
$$\frac{1}{5!}\phi_{\mathrm{o}}^{(5)}\bar{u}^{5} + \frac{1}{6!}\phi_{\mathrm{o}}^{(6)}\bar{u}^{6} + \cdots \tag{2.72}$$

式(2.72)中的上撇号表示 ϕ_{o} 对 u 的导数,并且假定参数 λ 在展开式中为定值。处于基本状态"O"的结构自然满足平衡条件:

$$\Pi_{\mathrm{o}}' \equiv \phi_{\mathrm{o}}' - \lambda_{\mathrm{o}}\hat{P} = 0 \tag{2.73}$$

若进一步假设基本状态"O"的总势能 $\Pi_{\mathrm{o}} = 0$,这样的假设不失一般性,则式(2.72)可进一步写成

$$\Pi(\bar{u}) = \frac{1}{2!}\phi_{\mathrm{o}}''\bar{u}^{2} + \frac{1}{3!}\phi_{\mathrm{o}}'''\bar{u}^{3} + \frac{1}{4!}\phi_{\mathrm{o}}^{(4)}\bar{u}^{4} + \frac{1}{5!}\phi_{\mathrm{o}}^{(5)}\bar{u}^{5} + \frac{1}{6!}\phi_{\mathrm{o}}^{(6)}\bar{u}^{6} + \cdots \tag{2.74}$$

可以将式(2.74)视为结构总势能增量的表达式。可见,若在线性的假设前提下,式(2.74)的右端,即结构总势能高于一阶的展开项将全为零。

依据前面所提到的稳定性的能量准则,结构体在基本状态"O"处稳定平衡的充分必要条件为结构的总势能增量大于零,即式(2.74)中的二阶项必须大于零,亦即

$$\phi_{\mathrm{o}}''\bar{u}^{2} > 0, \ \forall \bar{u} \neq 0 \tag{2.75}$$

下面考虑一种临界情况,若总势能增量表达式中的二阶项 $\phi_{\mathrm{o}}''\bar{u}^{2} = 0$,即结构处于中性平衡时,结构的临界平衡状态为

$$\phi_{\mathrm{o}}''\dot{v}\delta u = 0, \ \forall \delta u \tag{2.76}$$

式(2.76)即为常见的特征值屈曲方程,其中 $\dot{v}_{i}$ 是特征值 λ_{i} 所对应的特征向量。求解这个特征值问题即可得到结构的一系列屈曲临界载荷,但其中最为重要的是第一阶屈曲载荷。将第一阶屈曲载荷所对应的结构状态记为"B",也把它称作结构的分支点,其相应的特征值和特征向量为 $(\lambda_{\mathrm{b}}, \dot{v}_{\mathrm{b}})$。同时假设其余的屈曲临界载荷值各自相差较大,即不存在模态耦合的现象。

2. 临界点的稳定性

现在需要判断结构临界点的稳定性。首先需要进一步对总势能的增量展开,即式(2.74)的高阶项进行分析。为便于分析,可将结构的增量位移场 $\bar{u}$ 写成参数 ξ 的函数,即

$$\bar{u} = \bar{u}(\xi) \tag{2.77}$$

其中,可以把参数 ξ 定义为广义位移场 $\bar{u}$ 与第一阶屈曲模态 $\dot{v}_{\mathrm{b}}$ 的内积:

$$\xi = \langle \bar{u}, \dot{v}_{\mathrm{b}} \rangle \tag{2.78}$$

这里也可以将参数 ξ 看作屈曲模态变形在结构总变形中的参与量,也叫作屈曲模态振幅。接下来再对增量位移场 $\bar{u}$ 进行泰勒展开,得到

$$\bar{u} = \dot{v}_{\mathrm{b}}\xi + \frac{1}{2!}\ddot{v}_{\mathrm{b}}\xi^{2} + \frac{1}{3!}\dddot{v}_{\mathrm{b}}\xi^{3} + \frac{1}{4!}\ddddot{v}_{\mathrm{b}}\xi^{4} + \frac{1}{5!}v_{\mathrm{b}}^{(5)}\xi^{5} + \frac{1}{6!}v_{\mathrm{b}}^{(6)}\xi^{6} + \cdots \tag{2.79}$$

其中,屈曲模态 v_{b} 上的"·"表示对参数 ξ 求导,并把其中的 $\ddot{v}_{\mathrm{b}}, \dddot{v}_{\mathrm{b}}, \cdots$ 称作结构的高阶位移

场。将式(2.78)代入式(2.79)可得

$$\left.\begin{array}{r}\langle \dot{\boldsymbol{v}}_b , \dot{\boldsymbol{v}}_b \rangle = 1 \\ \langle \dot{\boldsymbol{v}}_b , \ddot{\boldsymbol{v}}_b \rangle = \langle \dot{\boldsymbol{v}}_b , \dddot{\boldsymbol{v}}_b \rangle = \cdots = 0 \end{array}\right\} \tag{2.80}$$

式(2.80)表明第一阶屈曲模态 $\dot{\boldsymbol{v}}_b$ 自身标准化并且与各高阶位移场正交。再将式(2.79)代入式(2.74),经过展开整理后可以得到

$$\Pi_b^*(\xi) = \frac{1}{3!}A_3\xi^3 + \frac{1}{4!}A_4\xi^4 + \frac{1}{5!}A_5\xi^5 + \frac{1}{6!}A_6\xi^6 + \cdots \tag{2.81}$$

其中:

$$\left.\begin{array}{l}A_3 = \phi'''\dot{\boldsymbol{v}}_b^3 \\ A_4 = \phi^{(4)}\dot{\boldsymbol{v}}_b^4 + 6\phi'''\dot{\boldsymbol{v}}_b^2\ddot{\boldsymbol{v}}_b + 3\phi''\ddot{\boldsymbol{v}}_b^2 \\ A_5 = \phi^{(5)}\dot{\boldsymbol{v}}_b^5 + 10\phi^{(4)}\dot{\boldsymbol{v}}_b^3\ddot{\boldsymbol{v}}_b + 15\phi'''\dot{\boldsymbol{v}}_b\ddot{\boldsymbol{v}}_b^2 + 10\phi''\dot{\boldsymbol{v}}_b\dddot{\boldsymbol{v}}_b \\ A_6 = \phi^{(6)}\dot{\boldsymbol{v}}_b^6 + 15\phi^{(5)}\dot{\boldsymbol{v}}_b^4\ddot{\boldsymbol{v}}_b + \cdots \end{array}\right\} \tag{2.82}$$

由此可见,屈曲临界点处的稳定性将由式(2.81)右端的第一个非零项的符号决定。主要可以分为以下 3 种情况,如图 2.18 所示。

(1)如果 $\frac{1}{3!}A_3 = \frac{1}{3!}\phi'''\dot{\boldsymbol{v}}_b^3 \neq 0$ 是第一个非零项,即临界点的稳定性由势能的三阶项决定。那么结构将会发生不对称屈曲,如图 2.18(a)所示,临界点的稳定状态由屈曲发生的方向决定。

(2)如果 $\frac{1}{3!}A_3 = 0$,那么就要接着考虑势能的四阶项 A_4。重点是要研究 A_4 关于 $\ddot{\boldsymbol{v}}_b$ 的最小值,将式(2.82)中的 A_4 对 $\ddot{\boldsymbol{v}}_b$ 求一阶导可得

$$\phi''\ddot{\boldsymbol{v}}_b\delta u = -\phi'''\dot{\boldsymbol{v}}_b^2\delta u , \quad \forall \delta u \tag{2.83}$$

将式(2.83)的解代入 A_4 的表达式中即可求得其最小值 $A_{4,\min}$:

$$A_{4,\min} = \phi_b^{(4)}\dot{\boldsymbol{v}}_b^4 - 3\phi_b''\ddot{\boldsymbol{v}}_b^2 \tag{2.84}$$

可见,当 $A_3 = 0$ 而 $A_{4,\min} \neq 0$ 时,临界点的稳定性由势能的四阶项决定。结构将发生对称型屈曲,屈曲发生的方向不影响临界点处的稳定状态。当 $A_{4,\min} > 0$ 时,临界点处的状态是稳定的,如图 2.18(b)所示;当 $A_{4,\min} < 0$ 时,临界点处的状态是不稳定的,如图 2.18(c)所示。

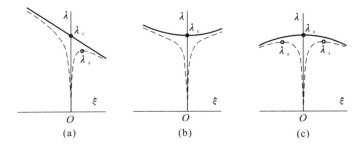

图 2.18　考虑缺陷影响的非稳定对称分支失稳

(a) $A_3 \neq 0$;　(b) $A_{4,\min} > 0$;　(c) $A_{4,\min} < 0$

(实线为完善结构,虚线为含初始缺陷的结构)

（3）如果 A_3 和 $A_{4,\min}$ 均不等于零,则需要接着分析势能的五阶项 A_5。分析方法和 A_3 或 $A_{4,\min}$ 的相同。同样,如果 A_3,$A_{4,\min}$ 以及 A_5 均不为零,就要依次分析更高阶的项。

3. 初始缺陷的影响

对完善无缺陷结构的分析,可以用不同结构之间极不相同的后屈曲性态来解释。Koiter 的理论实际上证明了结构初始后屈曲性态的变化是由临界分支点平衡的稳定或不稳定所导致的。然而实际的结构中总是存在着这样或那样的缺陷,因此只研究理想的无缺陷结构,还不能解释为什么试验中某些结构的实际屈曲载荷会远低于理论的临界值(见图 2.18 中的虚线)。为了能够解释这种现象,初始缺陷的影响是必须要考虑进去的。如果只用一个位移矢量 $u(\lambda)$ 从未变形状态开始来描述完善结构的基本状态,并不能代表含缺陷结构的真实平衡状态。作为初始缺陷的第一级影响,为了描述完善结构从基本状态 Ⅰ 转变到某个相邻位形 Ⅱ 时的势能增量,则必须再增加一个双线性项。这是因为在初始小缺陷的情况下,该修正项必须是与缺陷线性相关的。因此,在考虑了结构初始缺陷的影响后,只需要在原有结构的总势能增量中引入一个和初始缺陷相关的修正项。这样一来,含缺陷结构的进一步分析则与完善结构的分析相类似。

2.3　动　力　法

动力法首先是对有限自由度系统的运动稳定性问题而提出的,将这一准则推广应用于连续弹性体系是可行的。该准则的含义是:在一个有限自由度的广义坐标内,以广义坐标系 $q_i(i=1,2,\cdots,n)$ 描述其位置的系统。在平衡状态时 $q_i=0$,系统随时间而变化的速度为 $\dot{q}_i$。如果系统偏离其平衡位置而总可以找到这样的初始特征值 q_i^0 和 $\dot{q}_i^0$,使在以后的运动中 q_i 和 $\dot{q}_i$ 不越出某些预先所规定的与基本平衡位置任意接近的界限,则此界限可以判别系统是稳定平衡的;否则系统是不稳定平衡的。由此看出,临界载荷是这样的一种载荷,当作用载荷超过它时,就会使体系振动失去常态。利用动力法确定失稳载荷的方法即为动力法。通常,此法步骤为:

（1）假设体系由于受到微小干扰,在所讨论的平衡位置附近做微小自由振动,写出振动方程,并求出其振动频率的表达式;

（2）根据体系处于临界状态时频率等于零的条件确定临界失稳载荷值。

2.4　本　章　小　结

本章介绍了结构稳定性问题常用的三种判定准则和计算方法,即静力法、能量法以及动力法。其中,以压杆失稳为例,重点阐述了静力法和能量法的基本概念及分析流程。静力法和能量法的共同点在于:这两种方法根据失稳时可具有原先和新的两种平衡形式,从平衡的二重性出发,通过寻求结构在新的平衡形势下维持平衡的载荷来确定结构的临界失稳载荷。静力法和能量法的不同点在于:静力法是直接应用结构的静力平衡条件,而能量法是以能量形式表示的平衡条件。能量法相比静力法的优势在于其适用于具有复杂几何构型以及边界条件的结构稳定性问题,是现代先进数值分析方法的理论基础。

参 考 文 献

[1] 周绪红,郑宏. 结构稳定性理论[M]. 北京:高等教育出版社,2010.

[2] 陈铁云,沈惠申. 结构的屈曲[M]. 上海:上海科学文献出版社,1993.

[3] 黎绍敏. 稳定理论[M]. 北京:人民交通出版社,1989.

[4] KOITER WT. On the stability of the elastic equilibrium[D]. Delft:Delft University of Technology ,1945.

[5] 梁珂. 结构几何非线性屈曲分析的有限元降阶方法研究[D]. 西安:西北工业大学,2012.

[6] 舒赣平. 结构稳定理论与设计[EB/OL]. (2014 - 12 - 23)[2021 - 12 - 11]. https://wenku. baidu. com/view/a1dd75634a7302768e99399c. html.

[7] 佚名. 压杆稳定问题[EB/OL]. (2014 - 12 - 02)[2021 - 12 - 19]. https://wenku. baidu. com/view/fa5ccd666c85ec3a87c2c5dc. html.

[8] 佚名. 稳定计算的能量法[EB/OL]. (2016 - 10 - 11)[2021 - 12 - 25]. https://wenku. baidu. com/view/7570dda5312b3169a551a4a4. html.

[9] 佚名. 结构稳定计算的能量法[EB/OL]. (2016 - 02 - 06)[2021 - 12 - 26]. https://wenku. baidu. com/view/193fc7154028915f804dc2d8. html.

第 3 章　薄板的弹性稳定性问题

　　薄壁结构通常都由板件组合而成,为了满足轻量化要求,板件一般会设计得宽且薄,此类薄板在面内压/剪力作用下可能发生失稳,进而导致整个构件的承载力下降。因此,研究板件失稳及失稳后的承载状态就成为研究薄壁结构稳定性的重要问题。本章将针对薄板的弹性稳定性问题,首先基于小挠度变形假设给出不同边界条件下失稳临界载荷的计算方法[1-3],然后采用有限挠度理论分析薄板失稳后的承载性能[7],最后介绍飞行器薄壁结构稳定性设计方法。

　　第 2 章中介绍的杆件在发生弯曲失稳时,其变形仅发生在一个平面内,而本章涉及的薄板在分支失稳时的变形发生在两个平面内。这里,需要先明确本章研究对象,即薄板的物理定义。将板按厚度的大小,可分为三类:

　　(1)厚板。板的跨度 b 与厚度 t 之比需满足条件($b/t < 5 \sim 8$),受力时同时考虑弯曲变形以及面内外的剪切变形。

　　(2)薄板。板的跨度 b 与厚度 t 之比需满足条件($5 \sim 8 < b/t < 80 \sim 100$),受力时忽略面外的横向剪切变形,但考虑弯曲变形以及面内的剪切变形。

　　(3)薄膜。板的跨度 b 与厚度 t 之比需满足条件($b/t > 100$),抗弯刚度近似为零,仅靠薄膜张力抵抗面外载荷。

　　本书讨论的是薄板的稳定性问题,薄板的屈曲特点在于薄板到达分支屈曲载荷后并未达到其极限载荷,即存在屈曲后强度。板的稳定理论分为小挠度理论和有限挠度(大挠度)理论。若仅关心薄板的屈曲临界载荷值,则大多数情况下采用小挠度理论就能满足精度要求,但要想获得后屈曲承载性能,则需要基于有限挠度理论。

3.1　薄板的小挠度理论

3.1.1　小挠度理论的基本概念

　　从板中任意选取一个三维弹性微元体,如图 3.1 所示,微元体三个方向的尺寸分别为 $\mathrm{d}x$,$\mathrm{d}y$ 和 $\mathrm{d}z$,其中 $\mathrm{d}x$,$\mathrm{d}y$ 为板面内方面,$\mathrm{d}z$ 为厚度方向。由弹性力学的知识可知,任一弹性体有六个独立的应力状态,已均在图中标出。然而,薄板的小挠度理论存在以下三项基本假设,在使用过程中需严格满足:

　　(1)板变形过程中,沿厚度方向的正应变 ε_z、剪应变 γ_{zx} 和 γ_{zy} 均可忽略不计,即可用板中面的挠度代替沿厚度方向任一点的挠度,且垂直于板中面的直线在板弯曲变形后仍保持直线。

（2）与板厚相比，垂直于板中面的挠度极小，由弯曲引起的板的伸长可忽略不计（即可不计板的薄膜效应）。

（3）板的应力应变关系需符合胡克定律，即满足线弹性材料本构假设。

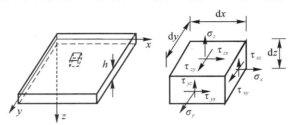

图 3.1　薄板的坐标系及微元体上的应力

弹性薄板在小挠度假设下的中面力如图 3.2 所示，薄板承受沿两个方向均匀分布的单位长度上的轴力 N_x、N_y 及剪力 N_{xy}、N_{yx}。当薄板屈曲处于微弯平衡状态时，任意单元内存在两组内力：

（1）第一组内力是由板中面伸长产生的轴力。

（2）第二组内力是由板弯曲产生的弯矩及剪力。

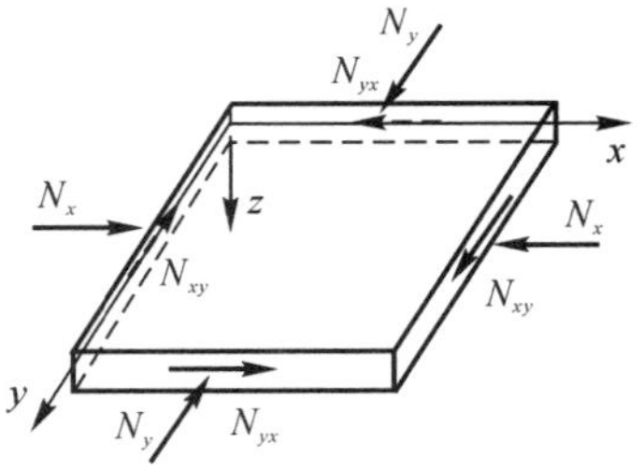

3.1.2　薄板的微小弯曲平衡方程

图 3.2　弹性薄板小挠度假设下的中面力

与第 2 章推导杆件失稳临界载荷的步骤类似，要想获得弹性薄板的屈曲临界载荷，需要先建立弹性薄板在微小弯曲临界状态下的平衡方程。微弯状态下薄板中任一微面元的受力分析如图 3.3 所示。需要说明的是，在小挠度假设下，图 3.3 中微面元两侧的中面力 N_x，N_y 和 N_{xy} 始终相等，不存在图 3.3 所示的增量变化，但微弯状态下挠度变形 w 所引起的转角在微面元两侧存在增量变化。下面给出薄板微弯状态下微面元平衡微分方程的推导过程。

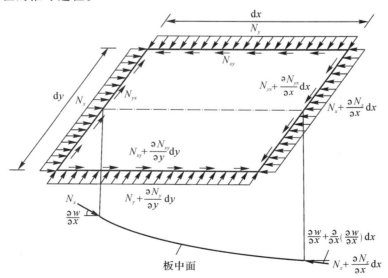

图 3.3　板在微弯状态下微面元的中面力分布

（1）首先，微面元所受中面力在 z 方向的合力 N_x 在 z 方向的分力为

$$N_x \left(\frac{\partial w}{\partial x} + \frac{\partial^2 w}{\partial x^2} \mathrm{d}x \right) \mathrm{d}y - N_x \frac{\partial w}{\partial x} \mathrm{d}y \tag{3.1}$$

化简可得

$$N_x \frac{\partial^2 w}{\partial x^2} \mathrm{d}x \, \mathrm{d}y \tag{3.2}$$

类比可得 N_y 在 z 方向的分力为

$$N_y \frac{\partial^2 w}{\partial y^2} \mathrm{d}x \, \mathrm{d}y \tag{3.3}$$

同理可得 N_{xy} 和 N_{yx} 在 z 方向的分力为

$$2N_{xy} \frac{\partial^2 w}{\partial x \partial y} \mathrm{d}x \, \mathrm{d}y \tag{3.4}$$

因此，微面元的中面力在 z 方向的总合力为

$$\left(N_x \frac{\partial^2 w}{\partial x^2} + 2N_{xy} \frac{\partial^2 w}{\partial x \partial y} + N_y \frac{\partial^2 w}{\partial y^2} \right) \mathrm{d}x \, \mathrm{d}y \tag{3.5}$$

（2）然后，依据微面元的面外受力平衡，如图 3.4 所示，统计其剪力在 z 方向的合力为

$$\left(\frac{\partial Q_x}{\partial x} + \frac{\partial Q_y}{\partial y} \right) \mathrm{d}x \, \mathrm{d}y \tag{3.6}$$

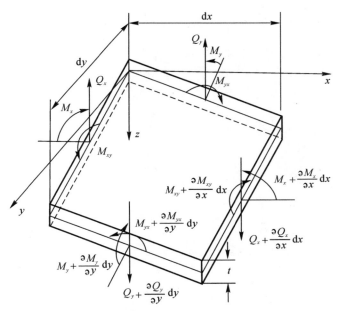

图 3.4　板在微弯状态下微面元的面外受力平衡

再将式（3.5）和式（3.6）相加后得到微面元在 z 方向的力学平衡方程：

$$\frac{\partial Q_x}{\partial x} + \frac{\partial Q_y}{\partial y} + N_x \frac{\partial^2 w}{\partial x^2} + 2N_{xy} \frac{\partial^2 w}{\partial x \partial y} + N_y \frac{\partial^2 w}{\partial y^2} = 0 \tag{3.7}$$

（3）接下来，建立微面元的弯矩平衡条件。

先给出相对于 x 轴的弯矩平衡条件：

$$\frac{\partial M_y}{\partial y} \mathrm{d}y\,\mathrm{d}x - \frac{\partial M_{xy}}{\partial x}\mathrm{d}x\,\mathrm{d}y - \frac{\partial Q_x}{\partial x}\mathrm{d}x\,\mathrm{d}y\,\frac{\mathrm{d}y}{2} - Q_y\,\mathrm{d}x\,\mathrm{d}y - \frac{\partial Q_y}{\partial y}\mathrm{d}x\,\mathrm{d}y\,\mathrm{d}y = 0 \qquad (3.8)$$

略去式(3.8)中的高阶量之后可得

$$\frac{\partial M_y}{\partial y} - \frac{\partial M_{xy}}{\partial x} - Q_y = 0 \qquad (3.9)$$

同理,由对 y 轴的弯矩平衡条件也可写出

$$\frac{\partial M_x}{\partial x} - \frac{\partial M_{yx}}{\partial y} - Q_x = 0 \qquad (3.10)$$

将以上三个微分方程进行合并,式(3.9)和式(3.10)分别对 y 和 x 微分一次后代入式(3.7),在此过程中消去剪力 Q,可得到

$$\frac{\partial^2 M_x}{\partial x^2} + 2\frac{\partial^2 M_{xy}}{\partial x\,\partial y} + \frac{\partial^2 M_y}{\partial y^2} + N_x\frac{\partial^2 w}{\partial x^2} + 2N_{xy}\frac{\partial^2 w}{\partial x\,\partial y} + N_y\frac{\partial^2 w}{\partial y^2} = 0 \qquad (3.11)$$

经观察可知,式(3.11)中有四个未知函数 M_x、M_y、M_{xy} 和 w,因此还需三个关系式才能求解。但由于受力平衡条件均已用完,故需考虑板的变形条件以辅助求解。对于薄板,沿厚度方向距中面为 z 处的应力应变关系为

$$\left.\begin{array}{l} \varepsilon_x = \dfrac{1}{E}(\sigma_x - \nu\sigma_y) \\[2mm] \varepsilon_y = \dfrac{1}{E}(\sigma_y - \nu\sigma_x) \\[2mm] \gamma_{xy} = \dfrac{2(1+\nu)}{E}\tau_{xy} \end{array}\right\} \qquad (3.12)$$

式(3.12)中板的应变可用曲率和扭率来表示,即

$$\left.\begin{array}{l} \phi_x = -\dfrac{\partial^2 w}{\partial x^2} \\[2mm] \phi_y = -\dfrac{\partial^2 w}{\partial y^2} \\[2mm] \phi_{xy} = -\dfrac{\partial^2 w}{\partial x\,\partial y} \end{array}\right\} \qquad (3.13)$$

可得到应变为

$$\left.\begin{array}{l} \varepsilon_x = z\phi_x = -z\dfrac{\partial^2 w}{\partial x^2} \\[2mm] \varepsilon_y = z\phi_y = -z\dfrac{\partial^2 w}{\partial y^2} \\[2mm] \gamma_{xy} = 2z\phi_{xy} = -2z\dfrac{\partial^2 w}{\partial x\,\partial y} \end{array}\right\} \qquad (3.14)$$

将式(3.14)代入式(3.12),反解出此点的应力为

$$\left.\begin{array}{l} \sigma_x = \dfrac{E}{1-\nu^2}(\varepsilon_x + \nu\varepsilon_y) = -\dfrac{Ez}{1-\nu^2}\left(\dfrac{\partial^2 w}{\partial x^2} + \nu\dfrac{\partial^2 w}{\partial y^2}\right) \\[3mm] \sigma_y = -\dfrac{Ez}{1-\nu^2}\left(\dfrac{\partial^2 w}{\partial y^2} + \nu\dfrac{\partial^2 w}{\partial x^2}\right) \\[3mm] \tau_{xy} = -\dfrac{Ez}{1+\nu}\dfrac{\partial^2 w}{\partial x\,\partial y} \end{array}\right\} \qquad (3.15)$$

由图 3.5 可知,用板截面上的应力乘以到板中面的距离后,沿板厚度方向积分,即可得到板截面在沿板厚方向上的总弯矩与扭矩为

$$
\left.
\begin{aligned}
M_x &= \int_{-t/2}^{t/2} \sigma_x z\,\mathrm{d}z = -\frac{Et^3}{12(1-\nu^2)}\left(\frac{\partial^2 w}{\partial x^2} + \nu\,\frac{\partial^2 w}{\partial y^2}\right) = -D\left(\frac{\partial^2 w}{\partial x^2} + \nu\,\frac{\partial^2 w}{\partial y^2}\right) \\
M_y &= \int_{-t/2}^{t/2} \sigma_y z\,\mathrm{d}z = -\frac{Et^3}{12(1-\nu^2)}\left(\frac{\partial^2 w}{\partial y^2} + \nu\,\frac{\partial^2 w}{\partial x^2}\right) = -D\left(\frac{\partial^2 w}{\partial y^2} + \nu\,\frac{\partial^2 w}{\partial x^2}\right) \\
M_{xy} &= \int_{-t/2}^{t/2} \tau_{xy} z\,\mathrm{d}z = -\frac{Et^3}{12(1+\nu)}\,\frac{\partial^2 w}{\partial x \partial y} = -D(1-\nu)\,\frac{\partial^2 w}{\partial x \partial y}
\end{aligned}
\right\}
\tag{3.16}
$$

式中
$$
D = \frac{Et^3}{12(1-\nu^2)}
$$

称为薄板的抗弯刚度,可见薄板的抗弯刚度与板厚 t 的三次方成正比。

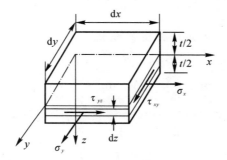

图 3.5　板截面上的应力分布

将板截面上的弯矩式(3.16)微分两次后代入式(3.11)后可得仅关于位移 w 的薄板稳定微分方程

$$
D\left(\frac{\partial^4 w}{\partial x^4} + 2\,\frac{\partial^4 w}{\partial x^2 \partial y^2} + \frac{\partial^4 w}{\partial y^4}\right) = N_x\,\frac{\partial^2 w}{\partial x^2} + 2N_{xy}\,\frac{\partial^2 w}{\partial x \partial y} + N_y\,\frac{\partial^2 w}{\partial y^2}
\tag{3.17}
$$

在得到弹性薄板在微弯状态下的平衡微分方程后,再给出薄板的几种常用边界条件。

(1)薄板的简支边界条件。

该边界条件下的挠度值 $w = 0$;

该边界条件下的弯矩值 $M_x = 0$,即有 $-D\left(\dfrac{\partial^2 w}{\partial x^2} + \nu\,\dfrac{\partial^2 w}{\partial y^2}\right) = 0$;

因边界点弯矩为零,故其曲率为零,即有 $\dfrac{\partial^2 w}{\partial x^2} = 0, \dfrac{\partial^2 w}{\partial y^2} = 0$。

(2)薄板的固定边界条件。

该边界条件下的挠度值 $w = 0$,斜率值 $\dfrac{\partial w}{\partial x} = 0$。

(3)薄板的自由边界条件。

该边界条件下的弯矩值 $M_x = 0$,即 $\dfrac{\partial^2 w}{\partial x^2} + \nu\,\dfrac{\partial^2 w}{\partial y^2} = 0$;

该边界条件下的剪力值 $Q_x = 0$,弯矩值 $M_{xy} = 0$,即有 $\dfrac{\partial^3 w}{\partial x^3} + (2-\nu)\,\dfrac{\partial^3 w}{\partial x \partial y^2} = 0$。

3.2 单向均匀受压板的弹性屈曲

本节介绍最常见的单向均匀受压板弹性屈曲分析,分别采用第 2 章介绍过的静力平衡法和能量法来计算屈曲临界载荷值。

3.2.1 静力平衡法求解

考虑一块四边简支的矩形板,如图 3.6 所示,当仅受 x 方向的均匀压力 N_x 作用时,依据式(3.17)可知,此时板在微弯状态下的平衡微分方程为

$$D\left(\frac{\partial^4 w}{\partial x^4} + 2\frac{\partial^4 w}{\partial x^2 \partial y^2} + \frac{\partial^4 w}{\partial y^4}\right) = N_x \frac{\partial^2 w}{\partial x^2} \quad (3.18)$$

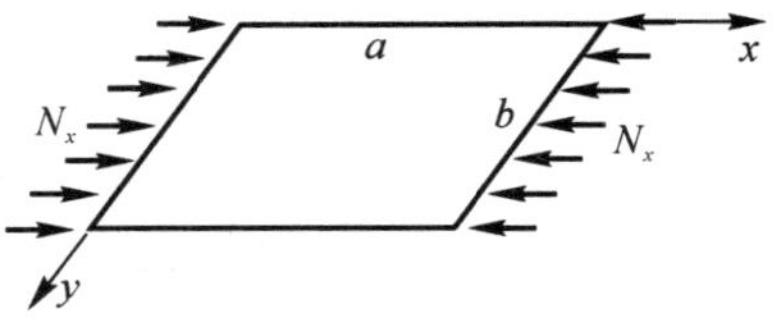

图 3.6 四边简支受压板

假设该板满足四边简支边界条件的挠度解 w 为一个二重三角级数:

$$w = \sum_{m=1}^{\infty} \sum_{n=1}^{\infty} A_{mn} \sin\frac{m\pi x}{a} \sin\frac{n\pi y}{b} \quad (3.19)$$

式(3.19)中:$m=1,2,3,\cdots$;$n=1,2,3,\cdots$。m 和 n 分别是板屈曲时在 x 和 y 方向的半波数,对挠度 w,式(3.19)微分后代入式(3.18),可得

$$\sum_{m=1}^{\infty} \sum_{n=1}^{\infty} A_{mn}\left(\frac{m^4\pi^4}{a^4} + 2\frac{m^2 n^2 \pi^4}{a^2 b^2} + \frac{n^4 \pi^4}{b^4} - \frac{N_x}{D}\frac{m^2 \pi^2}{a^2}\right)\sin\frac{m\pi x}{a}\sin\frac{n\pi y}{b} = 0 \quad (3.20)$$

由假设的挠度函数式(3.19)的具体形式可知,这三项均不能为零,即:$\sin\frac{m\pi x}{a} \neq 0$;$\sin\frac{m\pi y}{b} \neq 0$;$A_{mn} \neq 0$。否则薄板为平板状态(无挠度变形),故满足平衡方程式(3.20)恒为零的唯一条件是括号内的式子为零,解得

$$N_x = \frac{Da^2\pi^2}{m^2}\left(\frac{m^2}{a^2} + \frac{n^2}{b^2}\right)^2 \text{ 或 } N_x = \frac{D\pi^2}{b^2}\left(\frac{mb}{a} + \frac{n^2 a}{mb}\right)^2 \quad (3.21a)$$

观察式(3.21a)可知,当 $n=1$ 时(y 方向一个半波)N_x 有最小值。m 是 x 方向的半波数,必须为整数,为求得 m 的取值,可令

$$\frac{\mathrm{d}(N_x)}{\mathrm{d}m} = \frac{2D\pi}{b^2}\left(\frac{mb}{a} + \frac{a}{mb}\right)\left(\frac{b}{a} - \frac{a}{bm^2}\right) = 0 \quad (3.21b)$$

解得当 $m = \dfrac{a}{b}$ 时 N_x 有最小值,即

$$N_{x,\mathrm{cr}} = \frac{4D\pi^2}{b^2} \quad (3.21c)$$

可将屈曲载荷表示为更一般的形式:

$$N_{x,\mathrm{cr}} = \frac{kD\pi^2}{b^2} \quad (3.22)$$

其中

$$k = \left(\frac{mb}{a} + \frac{a}{mb}\right)^2 \quad (3.23)$$

　　式 (3.23) 中的 k 称为板的屈曲系数。如图 3.7 所示,屈曲系数 k 与板沿 x 方向的半波数 m 相关,且与板长及板宽之比 (a/b) 有关。需要注意的是,m 的值也与板长及板宽之比 (a/b) 有关,即板的几何尺寸确定后,板沿 x 方向的半波数 m 也就唯一确定了。此外,从图 3.7 可知,在 $a/b > 4$ 后,k 值逐步逼近其最小值 4.0。这意味着,当板的长宽比大到一定程度后,其屈曲载荷系数恒定不变。

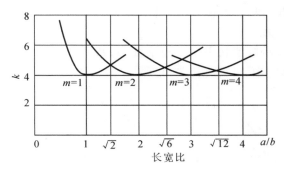

图 3.7　单向均匀受压板不同 m 下的 k 值

　　由最小临界载荷可知,薄板的最小临界应力值为

$$\sigma_{x,\mathrm{cr}} = \frac{N_{x,\mathrm{cr}}}{t} = \frac{kD\pi^2}{tb^2} = \frac{\pi^2}{12(1-\nu^2)}\frac{kE}{(b/t)^2} \approx \frac{0.9kE}{(b/t)^2} \tag{3.24}$$

当泊松比 ν 取 0.3 时,式 (3.24) 中的约等号可换为等号。

　　图 3.8 给出了采用有限元分析软件计算得到的四边简支单向受压板的前三阶屈曲模态变形。其第一阶模态变形沿板长度方向的半波数为 1,由图 3.7 可知,这意味着该板的长宽比 (a/b) 必小于 $\sqrt{2}$。随着载荷进一步增大,板沿长度方向的半波数也就越大。

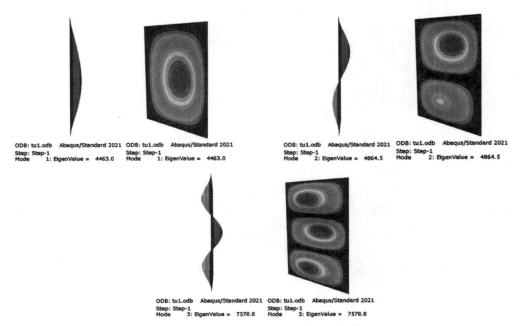

图 3.8　均匀受压四边简支板的屈曲变形

3.2.2 能量法求解

3.2.1节讲述了采用静力平衡法求解四边简支单向受压板的屈曲临界载荷计算流程,本节将采用瑞利-里兹法来求解图 3.9 中单向均匀受压矩形板的屈曲载荷。该板的边界条件稍有不同,即其两个加载边和一个非加载边为简支,另一个非加载边自由。

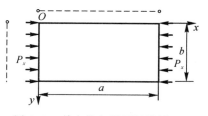

图 3.9　单向均匀受压矩形板

首先,计算该板在微小弯曲状态下的总势能 Π,应为其应变能 U 和外力势能之和,可得表达式为

$$\left.\begin{aligned}
\Pi &= U + V \\
U &= \frac{D}{2} \int_0^a \int_0^b \left\{ \left(\frac{\partial^2 w}{\partial x^2} + \frac{\partial^2 w}{\partial y^2} \right)^2 - 2(1-\nu) \left[\frac{\partial^2 w}{\partial x^2} \times \frac{\partial^2 w}{\partial y^2} - \left(\frac{\partial^2 w}{\partial x \partial y} \right)^2 \right] \right\} \mathrm{d}x\,\mathrm{d}y \\
V &= -\frac{1}{2} \int_0^a \int_0^b \left[P_x \left(\frac{\partial w}{\partial x} \right)^2 + P_y \left(\frac{\partial w}{\partial y} \right)^2 + 2 P_{xy} \frac{\partial w}{\partial x} \times \frac{\partial w}{\partial y} \right] \mathrm{d}x\,\mathrm{d}y
\end{aligned}\right\} \quad (3.25\text{a})$$

由于该板的外载荷 $P_y = P_{xy} = 0$,代入式(3.25) 可得总势能为

$$\Pi = \frac{D}{2} \int_0^a \int_0^b \left\{ \left(\frac{\partial^2 w}{\partial x^2} + \frac{\partial^2 w}{\partial y^2} \right)^2 - 2(1-\nu) \left[\frac{\partial^2 w}{\partial x^2} \times \frac{\partial^2 w}{\partial y^2} - \left(\frac{\partial^2 w}{\partial x \partial y} \right)^2 \right] \right\} \mathrm{d}x\,\mathrm{d}y - \\
\frac{1}{2} \int_0^a \int_0^b \left[P_x \left(\frac{\partial w}{\partial x} \right)^2 \right] \mathrm{d}x\,\mathrm{d}y \quad (3.25\text{b})$$

再假设板的挠曲面函数 w 为

$$w = A y \sin \frac{m \pi x}{a} \quad (3.26)$$

板的几何边界条件为

$$x = 0 \quad w = 0 ; x = a \quad w = 0$$
$$y = 0 \quad w = 0 ; \quad y = b \quad w \neq 0$$

代入总势能表达式可得

$$\Pi = \frac{D}{2} A^2 \frac{m^2 \pi^2}{a^2} \left[\frac{m^2 \pi^2 b^2}{6 a^2} + (1-\nu) \right] ab - \frac{P_x}{12} A^2 \frac{m^2 \pi^2}{a^2} \times ab^3 \quad (3.27\text{a})$$

由势能驻值原理可知: $\dfrac{\mathrm{d}\Pi}{\mathrm{d}A} = 0$,可得板在微弯时的平衡方程为

$$A \left\{ \frac{D m^2 \pi^2 b}{a} \left[\frac{m^2 \pi^2 b^2}{a^2} + (1-\nu) \right] - P_x \frac{m^2 \pi^2 b^3}{a} \right\} = 0 \quad (3.27\text{b})$$

解得板微弯时的临界载荷为

$$P_x = \left[\frac{m^2 \pi^2 b^3}{a^2} + 6(1-\nu) \right] \frac{D}{b^2} \quad (3.28)$$

令 $m = 1$,可得 P_x 的最小值为

$$P_{x,\mathrm{cr}} = k \frac{\pi^2 D}{b^2} \quad (3.29\text{a})$$

其中,板的屈曲系数 k 为

$$k = \frac{\dfrac{\pi^2 b^2}{a^2} + 6(1-\nu)}{\pi^2} \tag{3.29b}$$

由式(3.29b)可见,板的屈曲系数 k 同样与板长宽比(a/b)相关,是关于板长宽比(a/b)的函数。当板的边界条件不同时,其相应的屈曲系数关于板长宽比(a/b)的表达形式也不同。一般来说可令泊松比 $\nu = 0.3$,则有板屈曲系数 $k = 0.425 + b^2/a^2$,当 $a \gg b$ 时,$k = 0.425$,于是有

$$P_{x,\mathrm{cr}} = 0.425 \frac{\pi^2 D}{b^2} \tag{3.30}$$

图 3.10 给出了五种不同边界条件(A、B、C、D、E)下单向受压弹性薄板的屈曲系数 k 与板长宽比(a/b)的关系曲线。观察可知,随着边界条件的逐渐减弱,板的屈曲系数 k 值逐渐下降,屈曲临界载荷越低。这表明板的抗屈曲能力与边界条件密切相关。

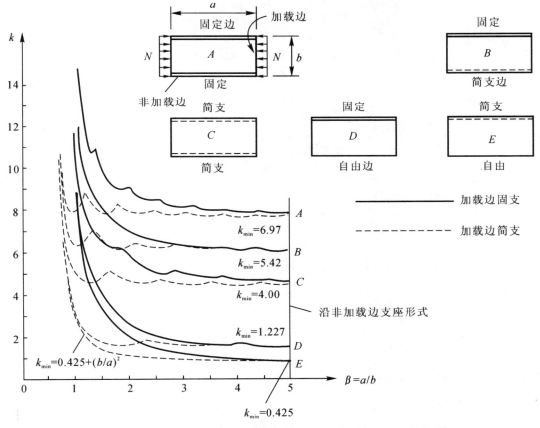

图 3.10　不同边界条件下板屈曲系数 k 与板件长宽比 a/b 的关系

3.3　不同面内载荷作用下板的弹性失稳

3.2 节介绍了四边简支单向受压板的弹性失稳问题,下面将给出不同面内载荷作用下的弹性失稳。

3.3.1 四边简支均匀受剪板

四边简支均匀受剪板是工程实际中常见到的承载结构。如图 3.11 所示,工字形梁腹板的上下缘条和左右立柱相当于简支边界条件,该腹板受剪失稳时的变形为沿板面 45°方向的波形。计算四边简支均匀受剪板的临界失稳载荷,如图 3.12 所示。

图 3.11　受剪板的屈曲变形

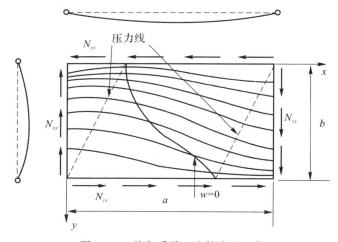

图 3.12　均匀受剪四边简支板屈曲

如图 3.12 所示,对于仅承受周边均匀剪力 N_{xy} 的四边简支薄板,单位长度压力 N_x、N_y 为零,因此,薄板在微弯状态下的平衡微分方程为

$$D\left(\frac{\partial^4 w}{\partial x^4} + 2\frac{\partial^4 w}{\partial x^2 \partial y^2} + \frac{\partial^4 w}{\partial y^4}\right) - 2N_{xy}\frac{\partial^2 w}{\partial x \partial y} = 0 \tag{3.31}$$

若板宽与板长均为 a,满足其边界条件的挠曲面方程可假设为(取二重三角级数的前两项)

$$w = A_1 \sin\frac{\pi x}{a}\sin\frac{\pi y}{b} + A_2\sin\frac{2\pi x}{a}\sin\frac{2\pi y}{b} \tag{3.32}$$

采用第 2 章中介绍的伽辽金法来求解,可得临界失稳载荷为

$$N_{x,\mathrm{cr}} = \frac{9\pi^4 D}{8a^2} = \frac{11.1D\pi^2}{a^2} \tag{3.33}$$

列出四边简支均匀受剪板的精确解,即

$$N_{x,\text{cr}} = \frac{9.34D\pi^2}{a^2} \tag{3.34}$$

由此可见,伽辽金解和精确解之间仍存在一定误差,但若挠度曲线方程[式(3.32)]取更多项,能量法解的精度还可进一步提高。

对板宽与板长不相等($a \neq b$)的矩形板,其临界屈曲载荷为

$$N_{x,\text{cr}} = \frac{kD\pi^2}{b^2} \tag{3.35}$$

式中:k 为屈曲系数。

对四边简支板,该屈曲系数 k 为

$$\frac{a}{b} \geqslant 1 \text{ 时}: k = 5.34 + 4.0\left(\frac{b}{a}\right)^2; \quad \frac{a}{b} \leqslant 1 \text{ 时}: k = 4.0 + 5.34\left(\frac{b}{a}\right)^2$$

对四边固支板,该屈曲系数 k 为

$$\frac{a}{b} \geqslant 1 \text{ 时}: k = 8.98 + 5.6\left(\frac{b}{a}\right)^2; \quad \frac{a}{b} \leqslant 1 \text{ 时}: k = 5.6 + 8.98\left(\frac{b}{a}\right)^2$$

将上述两种边界条件下均匀受剪板的屈曲系数画在图 3.13 中,可见板的支撑边界条件变强后,其屈曲系数变大,抗失稳能力提升。

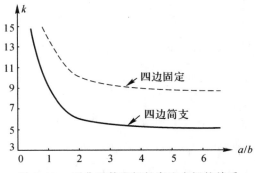

图 3.13 屈曲系数和板长宽比之间的关系

3.3.2 单向非均匀受压板

这里给出单向非均匀受压板的屈曲临界载荷,如图 3.14 所示。

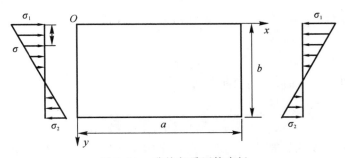

图 3.14 非均匀受压简支板

如图 3.14 所示,对于单向非均匀受压板,可以将非均匀压载荷分解为均匀压力和弯矩的共同作用,取压应力为正,则应力梯度可以表示为

$$\alpha_0 = \frac{\sigma_1 - \sigma_2}{\sigma_1} \tag{3.36a}$$

这样一来,板受压边的应力分布可描述为

$$\sigma = \sigma_1 \left(1 - \frac{\alpha_0 y}{b}\right) \tag{3.36b}$$

当 $\alpha_0 = 0$ 时,该板的载荷条件退化为均匀受压;当 $\alpha_0 = 2$ 时,该板的载荷条件为纯弯曲。

下述采用第 2 章中曾介绍的瑞利-里兹法来求解,符合四边简支边界条件的挠曲面函数可假设为二重三角级数:

$$w = \sum_{m=1}^{\infty} \sum_{n=1}^{\infty} A_{mn} \sin \frac{m\pi x}{a} \sin \frac{n\pi y}{b} \tag{3.37a}$$

而作用于板中面单位长度的载荷可写为

$$\begin{cases} P_x = \sigma_1 t \left(1 - \dfrac{\alpha_0 y}{b}\right) \\ P_y = P_{xy} = 0 \end{cases}$$

为得到近似解,取二重三角级数的前三项,即取 $m=1, n=3$,于是有

$$w = \sum_{n=1}^{3} A_{1n} \sin \frac{\pi x}{a} \sin \frac{n\pi y}{b} \tag{3.37b}$$

由之前推导得到的弹性板的总势能公式(3.25a)和势能驻值条件 $\dfrac{\mathrm{d}\Pi}{\mathrm{d}A_{1i}} = 0$,可得

$$\left.\begin{aligned} &\left[D\pi^4 \left(\frac{1}{a^2} + \frac{1}{b^2}\right)^2 - P_{x1} \frac{2-\alpha_0}{2} \times \frac{\pi^2}{a^2}\right] A_{11} + P_{x1} \frac{16\alpha_0}{9a^2} A_{12} = 0 \\ &P_{x1} \frac{16\alpha_0}{9a^2} A_{11} + \left[D\pi^4 \left(\frac{1}{a^2} + \frac{4}{b^2}\right)^2 - P_{x1} \frac{2-\alpha_0}{2} \times \frac{\pi^2}{a^2}\right] A_{12} + P_{x1} \frac{48\alpha_0}{25a^2} A_{13} = 0 \\ &P_{x1} \frac{48\alpha_0}{25a^2} A_{12} + \left[D\pi^4 \left(\frac{1}{a^2} + \frac{9}{b^2}\right)^2 - P_{x1} \frac{2-\alpha_0}{2} \times \frac{\pi^2}{a^2}\right] A_{13} = 0 \end{aligned}\right\} \tag{3.38}$$

由此可见,由势能驻值条件得到的是一个线性齐次的代数方程组,该方程组有全零解,但二重三角级数的系数全为零对应平板状态,不是稳定性解。因此,要求该线性方程组有非零解,即其系数矩阵的行列式为零,求解可得单向非均匀受压板的屈曲临界载荷和临界应力分别为

$$P_{x1,\mathrm{cr}} = k \frac{\pi^2}{b^2} \tag{3.39a}$$

$$\sigma_{\mathrm{cr}} = k \frac{\pi^2}{12(1-\nu^2)} \left(\frac{t}{b}\right)^2 \tag{3.39b}$$

其中,对纯弯板,即 $\alpha_0 = 2$ 时,板的屈曲系数可写成

$$k = \frac{\pi^2 (1+\alpha^2)(1+4\alpha^2)(1+9\alpha^2)}{32\alpha^2 \sqrt{(1+\alpha^2)^2 \times 9/625 + (1+9\alpha^2)^2/81}} \tag{3.39c}$$

板屈曲系数中的 α 为板的长宽比。可见,当长宽比 $\alpha = 2/3$ 时,屈曲系数 k 取最小值 $k_{\min} = 23.9$。上面推导得到的是非加载边简支时纯弯弹性板的屈曲系数表达式,同样可以得到非加

载边固支时的屈曲系数,将这两种边界条件下的屈曲系数画在图 3.15 中,可见当纯弯板的支撑边界条件变强时,相应的屈曲系数值显著提高。

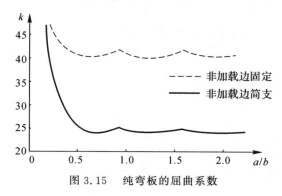

图 3.15　纯弯板的屈曲系数

3.3.3　边缘受压四边简支板

对于机翼的翼梁腹板而言,通常会受到气动载荷在腹板边缘产生的非均匀或均匀分布压应力,其屈曲临界载荷的推导过程和前面两种情况相似。如图 3.16 所示,得到的屈曲临界应力可统一表示为

$$\sigma_{c,cr} = k \frac{\pi^2 E}{12(1 - \nu^2)} \left(\frac{t}{b}\right)^2 \tag{3.40a}$$

对于不同的载荷边界条件,式(3.40a)中 k 值的取值也不同。可根据边缘载荷的具体分布形式,分为两种情况,如图 3.16 所示。

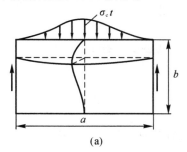
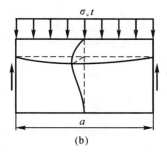

图 3.16　单侧受压板

(a) 板受到的边缘压应力为非均匀分布;　(b) 板受到的边缘压应力为均匀分布

(1) 当板受到的边缘压应力为非均匀分布时,参见图 3.16(a),其屈曲系数 k 的表达式为

$$\left. \begin{aligned} &当 0.5 \leqslant a/b \leqslant 1.5 时,\quad k = \frac{7.4}{a/b} + \frac{4.5}{(a/b)^2} \\ &当 1.5 \leqslant a/b \leqslant 5.5 时,\quad k = \frac{11.0}{a/b} - \frac{0.9}{(a/b)^2} \end{aligned} \right\} \tag{3.40b}$$

可见,板的长宽比在不同范围内时,相应屈曲系数的计算形式也不同。

(2) 当板受到的边缘压应力为均匀分布时,参见图 3.16(b),其屈曲系数 k 的表达式为

$$k = 2 + \frac{4}{(a/b)^2} \tag{3.40c}$$

在采用上述屈曲临界应力来设计边缘受压四边简支板时,还需要考虑翼缘对腹板的弹性约束作用,必要时需对屈曲系数 k 进行修正。

3.4 组合载荷作用下板的弹性失稳

前述各节介绍的是矩形板在各种面内载荷单独作用下的失稳临界载荷计算,实际工程中的板材构件通常受到两种或两种以上复杂载荷的共同作用。如两端简支梁的腹板,在靠近支座处主要受剪,而在跨度中央处主要受弯,但是在其他部位,腹板会同时受弯和受剪。此时,必须考虑这两种力的共同作用对板件稳定的影响。

由于组合载荷作用下弹性薄板的稳定性计算较为复杂,有时甚至无法得出解析形式的临界屈曲载荷计算公式。因此,工程上对于载荷组合作用下的板的失稳条件给出了一些经验公式。

3.4.1 用横向加劲肋加强的梁腹板

图 3.17(a) 中给出了具有横向加劲肋加强的梁腹板示意图,该板在实际使用过程中可能会受到图 3.17(b) 中画出的多种面内载荷的组合作用,如单向非均匀压载 σ、四边剪切载荷 τ 以及边缘压载 σ_c 这三种面内载荷。

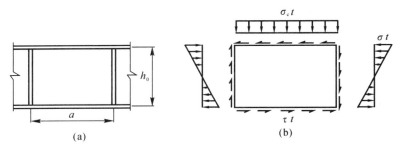

图 3.17 用横向加劲肋加强的梁腹板

板在图 3.17(b) 所示的三种面内载荷联合作用下的屈曲失稳判据为

$$\left(\frac{\sigma}{\sigma_{cr}}\right)^2 + \left(\frac{\tau}{\tau_{cr}}\right)^2 + \frac{\sigma_c}{\sigma_{c,cr}} \leqslant 1 \tag{3.41}$$

式中:σ_{cr},τ_{cr},$\sigma_{c,cr}$ 为单向非均匀压载 σ、四边剪切载荷 τ 以及边缘压载 σ_c 这三种面内载荷分别单独加载时该板的屈曲临界应力值。对于受到面内载荷(σ,τ,σ_c)联合作用的板,其是否发生屈曲取决于面内载荷(σ,τ,σ_c)是否满足屈曲失稳判据[见式(3.41a)],将载荷代入后若其左端项不大于1,则表明板在当前联合载荷作用下尚未失稳,反之则表明板会发生失稳。

3.4.2 同时用横向加劲肋和纵向加劲肋加强的梁腹板

图 3.18(a) 中给出了同时具有横向加劲肋和纵向加劲肋加强的梁腹板示意图,该板在实际使用过程中可能会受到图 3.18(b) 中画出的多种面内载荷组合作用,如单向非均匀压载 σ、四边剪切载荷 τ 以及边缘压载 σ_c 这三种面内载荷。

图 3.18(b) 中两块板在三种面内载荷联合作用下的屈曲失稳判据分别为

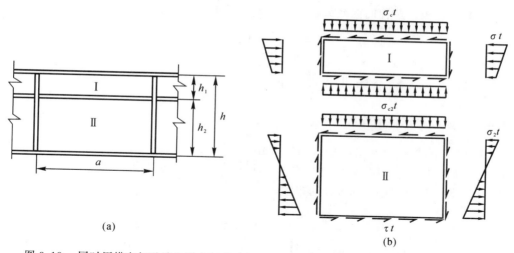

图 3.18　同时用横向加劲肋和纵向加劲肋加强的梁腹板及受到的多种面内载荷组合作用

$$
\left.
\begin{aligned}
&\text{区隔 I 内的板：} \frac{\sigma}{\sigma_{\text{cr1}}} + \left(\frac{\tau}{\tau_{\text{cr1}}}\right)^2 + \frac{\sigma_{\text{c}}}{\sigma_{\text{c,cr}}} \leqslant 1 \\
&\text{区隔 II 内的板：} \left(\frac{\sigma}{\sigma_{\text{cr2}}}\right)^2 + \left(\frac{\tau}{\tau_{\text{cr2}}}\right)^2 + \frac{\sigma_{\text{c2}}}{\sigma_{\text{c,cr2}}} \leqslant 1
\end{aligned}
\right\}
\tag{3.42a}
$$

　　式（3.42a）中，σ_{cr}，τ_{cr}，$\sigma_{\text{c,cr}}$ 为单向非均匀压载 σ，四边剪切载荷 τ 以及边缘压载 σ_{c}，这三种面内载荷分别单独加载时该板的屈曲临界应力值。对于受到面内载荷（σ，τ，σ_{c}）联合作用的板，其是否发生屈曲，取决于面内载荷（σ，τ，σ_{c}）是否满足屈曲失稳判据[见式（3.42a）]，将载荷代入后若其左端项不大于 1，则表明板在当前联合载荷作用下尚未失稳，反之则表明板会发生失稳。

　　下面再考虑一种更加复杂的情况，即图 3.19 中的同时具有横向、纵向受压区及短加劲肋加强的梁腹板。

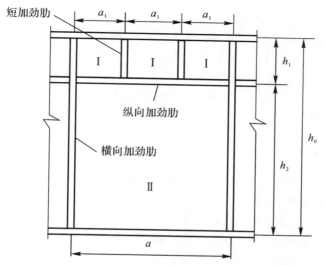

图 3.19　同时有横向、纵向及短加劲肋加强的梁腹板组合作用

图 3.19 中各板在三种面内载荷联合作用下的屈曲失稳判据分别为

$$\left.\begin{array}{l} \text{区隔 I 内}:\dfrac{\sigma}{\sigma_{cr1}}+\left(\dfrac{\tau}{\tau_{cr1}}\right)^2+\dfrac{\sigma_c}{\sigma_{c,cr}}\leqslant 1 \\[3mm] \text{区隔 II 内}:\left(\dfrac{\sigma}{\sigma_{cr2}}\right)^2+\left(\dfrac{\tau}{\tau_{cr2}}\right)^2+\dfrac{\sigma_{c2}}{\sigma_{c,cr2}}\leqslant 1 \end{array}\right\} \tag{3.42b}$$

3.4.3 偏心受压柱的腹板

偏心受压柱的腹板示意图,如图 3.20 所示,该板在实际使用过程中可能会受到图中画出的多种面内载荷的组合作用,如单向非均匀压载 σ_1 和四边剪切载荷 τ 这两种面内载荷。受力特点为"不均匀受压(线性)+剪切(均布)"。

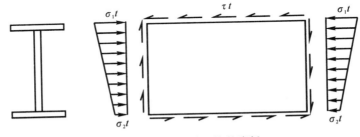

图 3.20 偏心受压柱的腹板

该板在两种面内载荷联合作用下的屈曲失稳判据分别为

$$\left[1-\left(\dfrac{\alpha_0}{2}\right)^5\right]\dfrac{\sigma_1}{\sigma_{cr1}}+\left(\dfrac{\alpha_0}{2}\right)^5\left(\dfrac{\sigma_1}{\sigma_{cr1}}\right)^2+\left(\dfrac{\tau}{\tau_{cr}}\right)^2\leqslant 1 \tag{3.43a}$$

其中,板面内压载荷的应力梯度为

$$\alpha_0=\dfrac{\alpha_1-\alpha_2}{\alpha_1} \tag{3.43b}$$

式中:σ_{cr1},τ_{cr} 为单向非均匀压载 σ_1 和四边剪切载荷 τ 这两种面内载荷分别单独加载时该板的屈曲临界应力值。对于受到面内载荷(σ_1,τ)联合作用的板,其是否发生屈曲取决于面内载荷(σ_1,τ)是否满足屈曲失稳判据[见式(3.43a)]。将载荷代入后,若其左端项不大于 1,则表明板在当前联合载荷作用下尚未失稳,反之则表明板会发生失稳。

3.5 基于有限挠度理论的薄板稳定性

3.5.1 基本概念

本章前几节在分析弹性薄板的稳定性问题时,均是基于小挠度理论,而薄板的有限挠度理论是在小挠度理论的基础上,考虑当板边支撑构件有较大刚度时,板屈曲后不会立即破坏,而是出现应力重分布,板中面产生较大薄膜张力的作用,使板仍具备一定的后屈曲承载能力。

与小挠度理论认为板挠度值远小于板厚不同,有限挠度理论假设板的挠度值与板厚同阶,但相对于板的平面尺寸仍较小,即仍可用挠度的二阶微分来代替板的曲率。

薄板产生小挠度弯曲变形,即挠度 $w\leqslant t/5$ 时,可认为板中面内各点沿 x、y 方向的位移为零,然而当产生有限(大)挠度弯曲,即挠度 $w \approx t$ 时,就必须考虑板中面内各点沿 x、y 方向的位移,这是因为板大挠度变形时中面位移引起的中面应变和中面力(薄膜效应)是不可忽略的。由此可见,"薄板 + 薄膜"就组成了大挠度板,即存在屈曲后强度。

3.5.2　大挠度薄板平衡方程

仍以板中的微面元为基本单元,当考虑有限变形时,弯矩、扭矩及剪力的影响均无实质性变化。但因考虑薄膜应变产生的附加应力,其中面力沿两侧将不再保持常量,这是与小挠度板受力分析的主要区别所在。

考察图 3.21 中处于微小弯曲状态下的板微面元,若忽略板中面力沿板两侧变化的高阶微量,则其在 x 方向和 y 方向的力平衡条件为

$$\left. \begin{array}{l} \sum X = 0, \quad \dfrac{\partial N_x}{\partial x} + \dfrac{\partial N_{xy}}{\partial y} = 0 \\[3mm] \sum Y = 0, \quad \dfrac{\partial N_y}{\partial y} + \dfrac{\partial N_{xy}}{\partial x} = 0 \end{array} \right\} \tag{3.44}$$

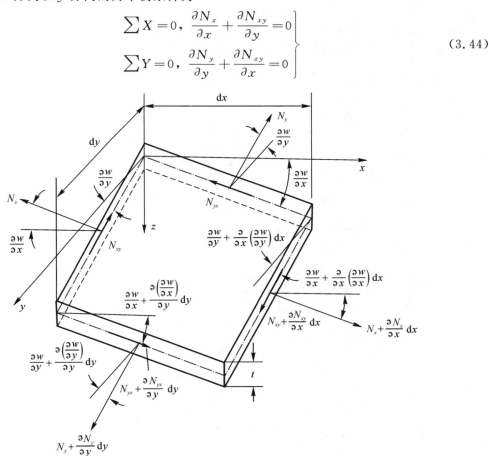

图 3.21　考虑薄膜效应的薄板中面内力

忽略式(3.44)中的高阶微分后,N_x、N_y、N_{xy}、N_{yx} 在 z 方向的分力分别为

$$\left. \begin{array}{l} \left(N_x \dfrac{\partial^2 w}{\partial x^2} + \dfrac{\partial N_x}{\partial x} \dfrac{\partial w}{\partial x} \right) \mathrm{d}x \, \mathrm{d}y \\[3mm] \left(N_y \dfrac{\partial^2 w}{\partial y^2} + \dfrac{\partial N_y}{\partial y} \dfrac{\partial w}{\partial y} \right) \mathrm{d}x \, \mathrm{d}y \end{array} \right\} \tag{3.45a}$$

$$\left. \begin{aligned} \left(N_{xy}\,\frac{\partial^2 w}{\partial x\,\partial y}+\frac{\partial N_{xy}}{\partial x}\,\frac{\partial w}{\partial y}\right)\mathrm{d}x\,\mathrm{d}y\\[2mm] \left(N_{yx}\,\frac{\partial^2 w}{\partial x\,\partial y}+\frac{\partial N_{yx}}{\partial y}\,\frac{\partial w}{\partial x}\right)\mathrm{d}x\,\mathrm{d}y \end{aligned}\right\} \tag{3.45b}$$

故而，所有中面力在 z 方向的分力为以上各式之和，即有

$$\left(N_x\,\frac{\partial^2 w}{\partial x^2}+2N_{xy}\,\frac{\partial^2 w}{\partial x\,\partial y}+N_y\,\frac{\partial^2 w}{\partial y^2}\right)\mathrm{d}x\,\mathrm{d}y \tag{3.46}$$

同时引入式(3.44)和式(3.45)，再加上弯矩与剪力的影响后，得到与小挠度理论相似的板弯曲平衡方程为

$$D\left(\frac{\partial^4 w}{\partial x^4}+2\,\frac{\partial^4 w}{\partial x^2\,\partial y^2}+\frac{\partial^4 w}{\partial y^4}\right)=N_x\,\frac{\partial^2 w}{\partial x^2}+2N_{xy}\,\frac{\partial^2 w}{\partial x\,\partial y}+N_y\,\frac{\partial^2 w}{\partial y^2} \tag{3.47}$$

但需注意，该公式与小挠度理论公式的主要区别在于板的中面力 N_x、N_y、N_{xy} 和 N_{yx} 在任意截面上不再是常量，因此式(3.47)属于变系数偏微分方程，需要借助板的变形协调条件求解。

3.5.3　变形协调方程

板弯曲变形后，微面元上任意点在 x 和 y 方向上的应变由薄膜应变和挠度 w 产生的轴向应变两部分组成。由图 3.22 所示的几何变形关系可得

$$\varepsilon_{x_0}=\frac{\partial u_0}{\partial x}+\frac{1}{2}\left(\frac{\partial w}{\partial x}\right)^2 \tag{3.48}$$

$$\varepsilon_{y_0}=\frac{\partial v_0}{\partial y}+\frac{1}{2}\left(\frac{\partial w}{\partial y}\right)^2 \tag{3.49}$$

板微面元的中面因挠曲而产生的剪应变为

$$\gamma_{xy_0}=\frac{\partial u_0}{\partial y}+\frac{\partial v_0}{\partial x}+\frac{\partial w}{\partial x}\,\frac{\partial w}{\partial y} \tag{3.50}$$

以上公式仅与板中面的应变和横向挠度有关，该应变可用中面力表达为

$$\varepsilon_{x_0}=\frac{1}{Et}(N_x-\nu N_y) \tag{3.51}$$

$$\varepsilon_{y_0}=\frac{1}{Et}(N_y-\nu N_x) \tag{3.52}$$

$$\gamma_{xy_0}=\frac{2(1+\nu)}{Et}N_{xy} \tag{3.53}$$

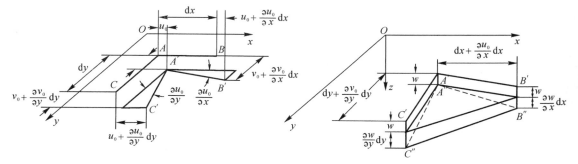

图 3.22　大挠度板微元体的变形

联合运用上述方程可求解板的屈曲临界力。为简化起见,将式(3.48)～式(3.50)合并后消除未知量 u_0 和 v_0,得到用中面应变与挠度描述的变形协调方程,即

$$\frac{\partial^2 \varepsilon_{x_0}}{\partial y^2} + \frac{\partial^2 \varepsilon_{y_0}}{\partial x^2} - \frac{\partial^2 \gamma_{xy_0}}{\partial x \partial y} = \left(\frac{\partial^2 w}{\partial x \partial y}\right)^2 - \frac{\partial^2 w}{\partial x^2}\frac{\partial^2 w}{\partial y^2} \tag{3.54}$$

为减少未知量,需引入与板面内坐标相关的应力函数 $F(x,y)$,中面力可表示为应力函数的偏导形式:

$$\left.\begin{aligned} N_x &= t\,\frac{\partial^2 F}{\partial y^2} \\[2mm] N_y &= t\,\frac{\partial^2 F}{\partial x^2} \\[2mm] N_{xy} &= -t\,\frac{\partial^2 F}{\partial x \partial y} \end{aligned}\right\} \tag{3.55}$$

则用应力函数表示的中面应变为

$$\left.\begin{aligned} \varepsilon_{x_0} &= \frac{1}{E}\left(\frac{\partial^2 F}{\partial y^2} - \nu\,\frac{\partial^2 F}{\partial x^2}\right) \\[2mm] \varepsilon_{y_0} &= \frac{1}{E}\left(\frac{\partial^2 F}{\partial x^2} - \nu\,\frac{\partial^2 F}{\partial y^2}\right) \\[2mm] \gamma_{xy_0} &= -\frac{2(1+\nu)}{E}\,\frac{\partial^2 F}{\partial x \partial y} \end{aligned}\right\} \tag{3.56}$$

将各式分别简化及合并后,得到以挠度 w 和应力函数 F 为变量的弯曲平衡方程和变形协调方程组(大挠度方程)为

$$\left.\begin{aligned} \frac{\partial^4 w}{\partial x^4} + 2\frac{\partial^4 w}{\partial x^2 \partial y^2} + \frac{\partial^4 w}{\partial y^4} &= \frac{t}{D}\left(\frac{\partial^2 F}{\partial y^2}\frac{\partial^2 w}{\partial x^2} + \frac{\partial^2 F}{\partial x^2}\frac{\partial^2 w}{\partial y^2} - 2\frac{\partial^2 F}{\partial x \partial y}\frac{\partial^2 w}{\partial x \partial y}\right) \\[2mm] \frac{\partial^4 F}{\partial x^4} + 2\frac{\partial^4 F}{\partial x^2 \partial y^2} + \frac{\partial^4 F}{\partial y^4} &= E\left[\left(\frac{\partial^2 w}{\partial x \partial y}\right)^2 - \frac{\partial^2 w}{\partial x^2}\frac{\partial^2 w}{\partial y^2}\right] \end{aligned}\right\} \tag{3.57}$$

3.5.4　板的后屈曲分析

可依据大挠度薄板的弯曲平衡方程和变形协调方程组来分析板的后屈曲强度,需先考虑板自身平面内的边界条件,如图 3.23 所示,用到的基本假定为:

(1) 板弯曲后外形不变;

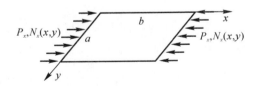

图 3.23　大挠度薄板的后屈曲强度分析

(2) 板边剪应力 $N_{xy}=0$;

(3) 与载荷作用方向 N_x 垂直的两条边沿 y 向可自由移动,与载荷作用方向平行的两条边沿 x 向的位移为常量。

以上假定保证了"虽然 $N_y \neq 0$,但 y 方向的合力为零"。

该四边简支薄方板在自身平面外变形时其边界条件为

$$\begin{cases} x=0,\ x=b \\ w=0,\ \dfrac{\partial^2 w}{\partial x^2}=0 \end{cases}; \quad \begin{cases} y=0,\ y=a \\ w=0,\ \dfrac{\partial^2 w}{\partial y^2}=0 \end{cases}$$

实际上无法求得薄板大挠度方程组的精确闭合解,因此采用近似法求解。假设选取合适的挠曲面函数为

$$w = f \sin \frac{m\pi x}{a} \sin \frac{\pi y}{b} \tag{3.58}$$

式中:f 为板中心点挠度。

显然,式(3.58)所假设的挠度场 w 满足全部位移边界条件,将挠度场 w 代入变形协调方程可得

$$\frac{\partial^4 F}{\partial x^4} + 2\frac{\partial^4 F}{\partial x^2 \partial y^2} + \frac{\partial^4 F}{\partial y^4} = \frac{f^2 m^2 \pi^4 E}{2a^2 b^2}\left(\cos\frac{2m\pi x}{a} + \cos\frac{2\pi y}{b}\right) \tag{3.59}$$

式(3.59)微分方程的解由通解和余解两部分组成,解得

$$F = \frac{f^2 E}{32}\left(\frac{a^2}{m^2 b^2}\cos\frac{2m\pi x}{a} + \frac{m^2 b^2}{a^2}\cos\frac{2\pi y}{b}\right) - \frac{N_x}{2t}y^2 \tag{3.60}$$

采用第2章中介绍的伽辽金法来求板的挠度,可得板中面挠度随面内压载荷的变化关系为

$$f^2 = \frac{16b^2(P_x - P_{x,cr})}{\pi^2 Et(a^2/m^2 b^2 + m^2 b^2/a^2)} \tag{3.61a}$$

式(3.61a)中的屈曲临界载荷可由小挠度理论计算得到:

$$P_{x,cr} = \frac{4D\pi^2}{b^2} \tag{3.61b}$$

式中:P_x 为板边作用载荷;$P_{x,cr}$ 为小挠度理论的屈曲临界载荷。

将式(3.61a)代入式(3.60)后进一步整理,可得到中面力为

$$\left.\begin{array}{l} N_x = -t\dfrac{\partial^2 F}{\partial y^2} = P_x + \dfrac{2(P_x - P_{x,cr})}{a^4/m^4 b^4 + 1}\cos\dfrac{2\pi y}{b} \\[3mm] N_y = -t\dfrac{\partial^2 F}{\partial x^2} = \dfrac{2(P_x - P_{x,cr})}{a^2/m^2 b^2 + m^2 b^2/a^2}\cos\dfrac{2m\pi x}{a} \end{array}\right\} \tag{3.62}$$

观察式(3.62)可知,x 方向的中面力 N_x 是沿板面 y 向变化的,如图3.24(a)所示,$y=0$ 和 $y=b$ 时,得到板边缘的纵向最大压力为

$$N_{\max} = P_x + \frac{2(P_x - P_{x,cr})}{a^4/m^4 b^4 + 1} \tag{3.63}$$

板 y 方向的中面力 N_y 是沿板面 x 向变化的,如图3.24(b)所示,N_y 沿板平面内 x 方向呈类似余弦变化。

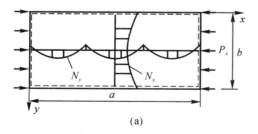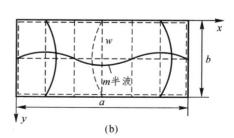

图 3.24 单向均匀受压简支板

弹性薄板的稳定性分析必须要综合考虑基本板件在不同受力状态、边界条件、初始缺陷、

弹塑性、板件之间相互约束以及板件屈曲后的受力性能。基于能量法的近似求解方法是准确高效且物理指向性清晰的计算分析方法,而数值类计算方法,如有限元方法,适合于复杂几何外形和边界条件的结构稳定性问题求解。

3.6　薄壁结构的稳定性设计

本书第 2 章和第 3 章的前面几节内容主要分析了杆件和板件的弹性稳定性问题,给出了其屈曲临界载荷和屈曲变形的计算方法。薄壁结构就是由杆件和板件组合而成的结构形式,也是轻质航空航天结构中最为常用的结构类型。基于此,本节将介绍如何采用先前给出的稳定性分析方法,实现对薄壁结构的稳定性设计。

先再次阐述薄壁结构静强度失效和稳定性失效的主要区别。薄壁结构的静强度问题是指在拉伸载荷下,结构几何形态不发生大的变化,且载荷可以一直加载到结构发生断裂破坏,这种行为一般称为静强度问题。然而,薄壁结构在压缩或剪切载荷作用下,应力不大时即可能发生几何形态上的较大变化,且显著影响结构不同方向的刚度变化,导致原本平面的形态变成弯曲形态,继续增加不大的载荷,因弯曲变形造成不均匀内力,可导致结构发生垮塌(断裂破坏),该行为称作结构稳定性问题。

下面针对航空航天工程中常见的型材和板材结构,介绍它们的稳定性设计方法。

3.6.1　型材失稳

薄壁结构中的型材具有截面尺寸远小于轴向尺寸的几何特点,故在受力分析时既可以将其近似为一根杆,也能认为它是由多根板件组合而成的结构系统。飞机薄壁结构中的型材类型较多,有长桁、缘条、筋条等。如图 3.25 所示,薄壁型材有多种失稳现象,大致可分为以下三类:

(1)杆的总体失稳,如图 3.25(a)所示;

(2)杆的板边局部失稳,如图 3.25(b)所示;

(3)薄壁管的局部失稳,如图 3.25(c)所示。

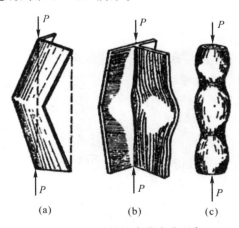

(a)　　　　　　(b)　　　　(c)

图 3.25　型材的多种失稳现象

(a)杆的总体失稳;　(b)杆的板边局部失稳;(c)薄壁管局部失稳

这里,我们仅讲述型材的总体失稳和局部失稳。如图 3.25 所示,总体失稳和局部失稳时型材的变形有明显区别,主要在于,型材总体失稳时其几何轴线发生弯曲,与加载轴线不重合,而局部失稳时型材的几何轴线仍与加载轴线重合,组成型材的一块或几块板的板边发生褶皱,但型材总体仍保持直线承载。下面分别给出这两种失稳类型的分析设计方法。

1. 型材总体失稳

型材的总体失稳可以按第 2 章中给出的欧拉 Euler 杆经典公式来计算其临界屈曲载荷,而其后屈曲的稳定性响应则需基于大挠度理论才能获得。如图 3.26 所示,可将发生总体失稳的型材简化为一根两端简支的欧拉杆,该杆主要受沿轴向的压载荷 P 的作用,同时杆侧向也受到不均匀分布的小量扰动载荷 q。

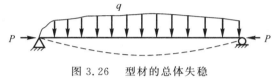

图 3.26　型材的总体失稳

先直接给出型材总体失稳后的挠度随载荷变化方程为

$$w = \sum_{n=1}^{\infty} \frac{2l^3 q_n}{\pi^4 EI} \frac{\sin \dfrac{n\pi x}{l}}{n^4 \left(1 - \dfrac{l^2 P}{\pi^2 EI n^2}\right)} \qquad (3.64)$$

其中,杆侧向的扰动载荷为

$$q_n = \int_0^l q(x) \sin \frac{n\pi x}{l} \mathrm{d}x$$

观察挠度方程可知,随着轴压 P 逐渐增大,当挠度方程中的分母为零时,挠度 w 的值会趋于无穷大或不确定,即 P 到一定值时原先的杆直线平衡模式将不再稳定,出现不确定的弯曲变形,此时的 P 值就是屈曲临界载荷,即

$$P_{cr} = K \frac{\pi^2 EI}{l^2}$$
$$\sigma_{cr} = \frac{P_{cr}}{A_{st}} \qquad (3.65)$$

可见,式(3.65)就是基于小挠度理论得到的经典欧拉公式。此外,从挠度方程还可看出,如果没有侧向载荷 q_n,则即使轴压载荷达到临界载荷值,杆也不会出现挠度变形。这也从理论上验证了本书在第 1 章就提到过的一个概念,即对于理想压杆,若不施加侧向扰动则永远不会出现屈曲变形。

若想提高型材的抗失稳性能,可在图 3.27 的型材中部增设支座,这样能够使屈曲临界载荷呈二次方增长,是较为有效的设计措施。如对于机翼上壁板中的受压长桁,其沿展向的尺寸较大,在机翼内部布置翼肋相当于在长桁中部增设支座,能够起到增强型材稳定性的作用。

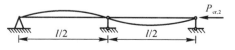

图 3.27　在型材中部增设支座

2. 型材局部失稳

型材局部失稳指的是组成型材的某块,或某几块,甚至全部板件开始发生褶皱或压屈,如图 3.25(b) 所示。

由本章的前述内容可知,其中单个板的临界屈曲应力计算公式为

$$\sigma_{cr} = \frac{0.9kE}{(b/t)^2} \tag{3.66a}$$

整个型材的局部失稳临界应力可按最先一块失稳板的临界应力取值,也可取所有板失稳后的平均应力值,即

$$\sigma_{l平均} = \frac{b_1 t_1 \sigma_{l_1} + b_2 t_2 \sigma_{l_2} + \cdots + b_n t_n \sigma_{l_n}}{b_1 t_1 + b_2 t_2 + \cdots + b_n t_n} = \frac{\sum b_i t_i \sigma_{l_i}}{b_i t_i} \tag{3.66b}$$

式中的变量下标 n 表示组成该型材的板的数量,b 和 t 为型材矩形截面的长度和宽度,式(3.66b)的分母为型材中各板件的临界载荷之和,分母为型材的总截面积。

3.6.2　板材失稳

薄壁结构稳定性设计概念是指以工程原则将结构的承载能力控制在出现严重屈曲之前,其临界屈曲应力的计算公式为

$$\sigma_{cr} = \frac{0.9kE}{(b/t)^2} \tag{3.67}$$

需要说明的是,式(3.67)为计算板件屈曲临界应力的通式,即适用于任意位移及载荷边界条件的情形,见表 3.1,对不同的边界条件,仅需要修改式(3.67)中的屈曲系数 k 即可。对于受压板而言,临界屈曲应力指的是正应力,而对于受剪板来说,临界屈曲应力指的是剪应力,受剪板的屈曲变形如图 3.28 所示。板材稳定性设计的基本流程大致如下。

图 3.28　受剪板的屈曲变形

(1) 前提:板件的受载状态及载荷大小已知(如上蒙皮受压或剪);

(2) 过程:赋予存在稳定性问题的结构元件应有的刚度(如材料与尺寸),也可改变构件的约束条件(如蒙皮单双排铆钉);

(3) 注意:不同的结构形态及承载方式,导致的屈曲后承载能力差异很大。

表 3.1　部分受载和支持情况下的板屈曲系数($\mu = 0.3$)

受载情况	支持情况	屈曲系数
单向均匀受压	三边简支	$k = 0.425 + (b/a)^2$
单向均匀受压	四边简支	$a/b \leq 1, k = (a/b + b/a)^2$ $a/b \geq 1, k = 4$
单向均匀受压	四边固支	$a/b = 1, k = 9.5$ $a/b = 3, k = 7.5$

续表

受载情况	支持情况	屈曲系数
四边受剪	四边简支	$k = 5.6 + \dfrac{3.78}{(a/b)^2}$
四边受剪	四边固支	$a/b = 1, k = 15.8$ $a/b = 2, k = 11.7$ $a/b > 3, k = 9.3$

3.6.3 加筋板初始失稳后继续承载

具有较强支撑边界的板件在发生屈曲后仍具备一定的屈曲后承载能力,下面以面内受压的加筋壁板和面内受剪的梁腹板为例,来进一步研究其屈曲后的承载性能,为轻量化设计提供依据。

1. 经典加筋板受压初始失稳后的工作状态及分析方法

图 3.29 给出的是在隔框中受压的机翼腹板,该板的上下左右有四根较强的桁材。板的变形特点是中间部位先发生褶皱,但靠近桁材部位,由于支撑较强,仍有较好的承载能力,可以继续承受载荷直至与桁材一起发生最后失稳。图 3.29(b)(c)描述了该加筋板失稳过程中截面上应力分布形式的变化历程。可见,板件出现失稳前其截面上的应力与桁材上的应力基本相当,而板失稳后其承载力下降,应力开始向周边桁材上转移,整个截面上的应力分布呈抛物线形状。这就是经典加筋板的后屈曲现象,板失稳后可认为其不再承载,加筋板中的实际承载结构转变为纵向桁材和附在其上的一小段宽度为 $2c$ 的等效宽度板所组成的宽柱,如图 3.30 所示,该宽柱失稳意味着加筋板最终被压溃。

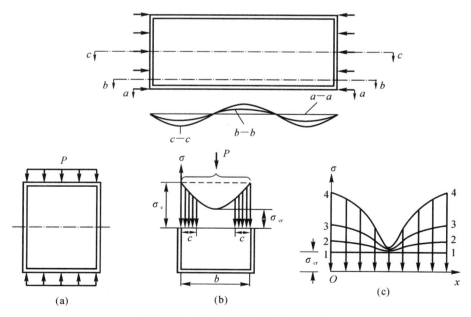

图 3.29 受压加筋板的后屈曲现象

可以用 Von Karman 提出的宽柱设计方法找出加筋板后屈曲段的等效板宽,随即得到其后屈曲段的最大承载能力。下面介绍该方法的具体流程。

(1) 假设等效宽板的临界失稳应力用以下公式来计算:

$$\sigma_e = \frac{0.9kE}{(b_e/t)^2} \tag{3.68a}$$

可知等效板宽为

$$b_e = 2c = t\sqrt{0.9kE/\sigma_e} \tag{3.68b}$$

等效板宽 $b_e = 2c$ 是板中最终与加强筋一起失稳的区域,如图 3.29(b) 和图 3.30(b) 所示。

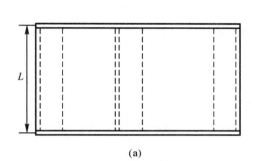

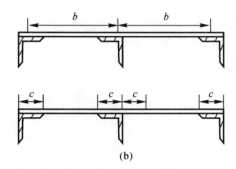

(a)　　　　　　　　　　　　　　(b)

图 3.30　板的等效板宽

(2) 整个板宽 b 的临界失稳载荷公式为

$$\sigma_{cr} = \frac{0.9kE}{(b/t)^2} \tag{3.68c}$$

将式(3.68a) 和式(3.68c) 相比,可得等效板宽与整个板宽的关系:

$$b_e = b\sqrt{\frac{\sigma_{cr}}{\sigma_e}} \tag{3.68d}$$

(3) 令 $\sigma_{cr,st}$ 为桁材与等效宽板组合成的"宽柱"的失稳临界应力,有

$$\sigma_e = \sigma_{cr,st}, \quad \sigma_{cr} = \sigma_{cr,sk} \tag{3.68e}$$

式中:$\sigma_{cr,st}$ 为"宽柱"的失稳临界应力;$\sigma_{cr,sk}$ 为整个板宽的失稳临界应力。

(4) 依据式(3.68d),工程上常用的板宽缩减系数可表示为

$$\phi = \frac{b_e}{b} = \sqrt{\frac{\sigma_{cr,sk}}{\sigma_{cr,st}}} \tag{3.68f}$$

其中整个板宽的失稳临界应力 $\sigma_{cr,sk}$ 恒为定值,进而可将等效板宽进一步写成

$$b_e = b\phi = b\sqrt{\frac{\sigma_{cr}}{\sigma_e}} = t\sqrt{\frac{0.9kE}{\sigma_{cr,st}}} \tag{3.68g}$$

(5) 用迭代法求解式(3.68g) 便可求出等效板宽的值。在第一步迭代中,可认为等效板宽为零,宽柱仅由桁材组成,故 $\sigma_{cr,st}$ 可由型材总体失稳的欧拉公式来计算,代入式(3.68g) 可得第一步迭代后的等效板宽;然后开始第二步迭代,此时需基于前一步迭代得到的等效板宽,采用公式(3.68a) 来计算 $\sigma_{cr,st}$,进而又可由式(3.68g) 获得新的等效板宽值;以此类推,若前后两次迭代得到的等效板宽值变化很小则终止迭代,进而获得最终的等效板宽值和对应的宽柱临界应力 $\sigma_{cr,st}$。

(5) 采用等效板宽值来计算加筋板的后屈曲承载力。对多桁材加筋板,总的临界载荷为

$$P_{cr} = \sigma_{cr,st} \sum (f_{st} + \phi bt) \tag{3.69}$$

式中:f_{st} 为单根桁材的截面积;ϕbt 为单个板宽的截面积;求和号表示对该加筋板中所有宽柱的截面积求和。

一般而言,加筋壁板中筋条的刚度明显高于板的刚度,故其失稳过程通常表现为先是板的局部失稳,然后是板筋的总体失稳。然而,对于筋与板的不同刚度比 $\gamma = \dfrac{EI_x}{Db}$,可能出现不同的屈曲形态。如图 3.31 所示,可以看到当筋与板的刚度比小于 60 时,加筋板为厚板弱筋构型,可能不再发生局部失稳,而是直接出现板筋总体失稳;当筋与板的刚度比大于 60 时,加筋板为薄板强筋构型,其在发生板初始失稳后的后屈曲承载裕度更大,此时若允许载荷进入加筋壁的后屈曲承载段,则可进一步减轻结构质量。

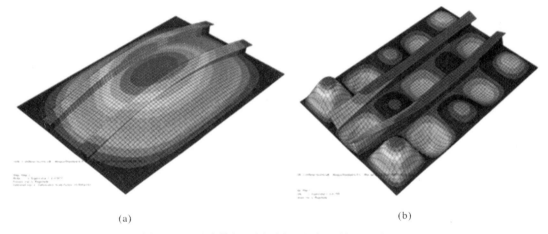

(a)   (b)

图 3.31   具有筋板不同刚度比的加强筋板失稳变形

(a)$\gamma < 60$;   (b)$\gamma > 60$

2. 加筋板受剪失稳后的工作状态及分析方法(张力场)

图 3.32(a) 中的梁腹板含有上下缘条和左右两根立柱,在剪力 P 作用下,该腹板受剪,当 P 增大到临界屈曲载荷时板发生剪切失稳,若为纯剪切状态,则其失稳变形为沿板面 45° 方向的褶皱。取出腹板中的任一微面元,分析其受力平衡状态,如图 3.32(b) 所示,可知其沿 y 向的受力平衡方程为

$$\tau = \sigma_2 \frac{\sin 2\alpha}{2} + \sigma_1 \frac{\sin 2\alpha}{2} \tag{3.70a}$$

式(3.70a) 中的 σ_1 为拉应力,σ_2 为压应力,压应力是致使腹板发生失稳的主要原因,失稳前拉应力和压应力的值大小相同。板失稳后开始进入张力场状态(褶皱变形的角度 α 与板、缘条、立柱几何及内应力状态相关,在 25° ~ 50° 之间),此时内应力不再按比例变化。在失稳临界状态下,应有

$$\sigma_1, \sigma_2 = \sigma_{cr} = \frac{\tau_{cr}}{\sin 2\alpha} \tag{3.70b}$$

失稳后若继续增加载荷,压应力 σ_2 会大致保持不变,但拉应力 σ_1 会沿着 α 方向继续随外载荷增加,其变化趋势为

$$\sigma_1 = (2\tau - \tau_{cr}) \frac{1}{\sin 2\alpha} \tag{3.70c}$$

当载荷增大到一定程度,纯剪切板会处于完全应力场状态(σ_1 很大,可忽略 σ_2)。大部分情况下,纯剪切板会处于纯剪和完全张力场之间的非完全张力场状态。

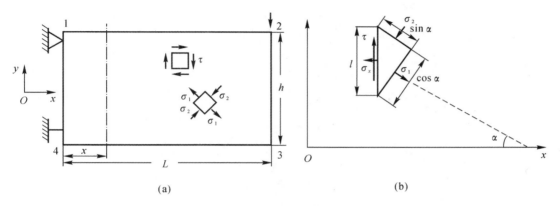

图 3.32　纯剪切下的应力状态

通过上述分析可知,加筋板受剪失稳后仍具备一定的后屈曲承载状态,随着外载荷的进一步增加,腹板发生失稳,板内的拉应力开始超过压应力,腹板进入非完全张力场状态继续承载,若外载荷持续增大,则腹板会处于完全张力场状态(σ_1 很大,可忽略 σ_2)。需要注意的是,腹板剪切失稳后,其附近缘条及立柱的内力也会有所变化,具体如下。

(1)缘条:除受到原外加剪力引起的弯矩所产生的轴向内力以外,腹板失稳后还会受到腹板内张力分量引起的横向分布力。

(2)立柱:除受到原外加剪力的轴向分布力(中间立柱无此力)外,腹板失稳后还会受到腹板张力引起的附加轴向集中力及法向分布力。

由此可知,加筋板受剪失稳后,其附近的桁材(缘条和立柱)受到的轴向力不仅会增大,还会受到额外的侧向载荷。因此,如果允许加筋板进入后屈曲张力场状态,则必须要对其附近的缘条和立柱进行补强设计。

加筋板受剪失稳进入张力场状态后的剩余承载力仍较为可观,如图 3.33 所示,工字形梁腹板受剪的临界失稳载荷大致只有 371 N,其进入张力场后的承载状态较为复杂,无法像受压加筋板那样给出一个具体的极限载荷计算方法,大多采用"半经验公式＋实验修正系数或设计＋数值计算分析"的方法来分析。图 3.33 给出了采用精细有限元计算得到的工字形梁腹板受剪响应曲线,在有限元分析中若不考虑材料的弹塑性效应,则其承载响应曲线将一直往上走,然而腹板剪切失稳进入张力场后会产生较大的面外挠度变形,额外的弯曲应力会使材料进入塑性变形阶段,因此在有限元分析中考虑材料弹塑性效应后其承载响应曲线会逐渐放平,出现承载极值点,这才是更加符合实际情况的数值模拟结果。由此可见,虽然加筋板受剪失稳进入张力场状态后的承载力仍较好,但对于飞机结构中的主承力关键部件,由于需经历反复的加载卸载历程,一般不建议在使用载荷内出现张力场,因为过大的面外变形可能导致大应变疲

劳,因此常设计成抗剪型梁。

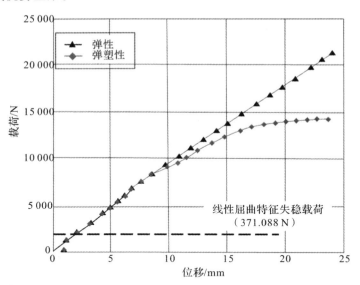

图 3.33 工字形梁腹板受剪屈曲数值仿真

3.7 复合材料壁板稳定性计算公式

本章前述内容只针对各向同性板,给出了其在不同边界条件下屈曲临界载荷的计算方法。随着复合材料被广泛用于轻量化工程结构设计中,各向异性板件的稳定性问题同样令人关注。因此,本节针对复合材料矩形板、加筋壁板等几何形状较为简单的结构,在对材料及边界合理简化的前提下,给出可用于初步估算临界载荷的经验公式。需要强调的是,各向异性板件在四边固支和四边简支边界条件下分别计算的屈曲临界载荷可能相差几倍以上,因此边界条件的选定要十分小心,需根据经验或通过引入适当的修正系数进行处理。这里直接给出复合材料板件的屈曲临界载荷计算公式,不再给出具体的推导过程。

3.7.1 复合材料矩形平板的稳定性分析

(1)四边简支正交各向异性矩形平板的轴压屈曲载荷公式为

$$N_x = \frac{\pi^2 D_{22}}{b^2} \left[\frac{D_{11}}{D_{22}} \left(\frac{b}{a} \right)^2 m^2 + 2 \left(\frac{D_{12} + 2D_{66}}{D_{22}} \right) + \left(\frac{a}{b} \right)^2 \frac{1}{m^2} \right] \tag{3.71}$$

式中:a,b 为矩形板边长;m 为沿板面内加载方向(x 方向)的屈曲半波数;D_{ii},D_{ij} 为复合材料力学中各向异性板的弯曲刚度系数,i,$j = 1, \cdots, 6$;N_x 为板边单位长度上的轴压屈曲载荷。

采用上述公式进行计算时,可依次取 $m = 1, 2, 3, \cdots$,得到相应的一组屈曲临界载荷值 N_x,一般最关心其中最小的($m = 1$)屈曲临界载荷 $N_{x,cr}$。

(2)四边固支正交各向异性矩形平板的轴压屈曲载荷为

$$N_{x,cr} = \frac{\pi^2 \sqrt{D_{11} D_{22}}}{b^2} \left[k - 2.46 \left(1 - \frac{D_{12} + D_{66}}{\sqrt{D_{11} D_{22}}} \right) \right] \tag{3.72}$$

(3)两加载边固支、两侧边简支正交各向异性矩形平板的轴压屈曲载荷为

$$N_{x,\mathrm{cr}} = \frac{\pi^2 \sqrt{D_{11} D_{22}}}{b^2} \left[k - 2.40 \left(1 - \frac{D_{12} + D_{66}}{\sqrt{D_{11} D_{22}}} \right) \right] \tag{3.73}$$

（4）两加载边简支、两侧边固支正交各向异性矩形层压平板的轴压屈曲载荷为

$$N_{x,\mathrm{cr}} = \frac{\pi^2 \sqrt{D_{11} D_{22}}}{b^2} \left[k - 2.0 \left(1 - \frac{D_{12} + D_{66}}{\sqrt{D_{11} D_{22}}} \right) \right] \tag{3.74}$$

（5）四边简支和四边固支的正交各向异性矩形层压板的剪切屈曲载荷为

$$N_{xy,\mathrm{cr}} = k_{\mathrm{s}} \frac{\pi^2 \sqrt[4]{D_{11} D_{22}^{\,3}}}{b^2} \tag{3.75}$$

3.7.2　复合材料加筋平板的稳定性分析

复合材料加筋板的筋条构型相同且等间距排列时,该加筋板发生板筋总体失稳时的极限垮塌载荷可按下式估算:

$$P = (n_1 b_c t E_x + n_2 F E_x^{\;*}) \varepsilon_{\mathrm{b}} \tag{3.76}$$

式中:t 为壁板厚度;E_x 为蒙皮的等效轴向弹性模量,计算公式为 $E_x = (A_{11} - A_{12}^{\,2}/A_{22})/t$;$A_{12}$,$A_{22}$ 为各向异性材料壁板的面内刚度系数;F 为筋条的截面面积;$E_x^{\;*}$ 为筋条的等效轴向弹性模量;n_1,n_2 为桁条间的蒙皮数和桁条数;ε_{b} 为有效宽度蒙皮的极限应变,一般取桁条的屈曲应变。b_c 为蒙皮屈曲后的有效宽度,计算公式为

$$\left. \begin{aligned} b_c &= b\phi \\ \phi &= \zeta + (1 - \zeta) \varepsilon_{\mathrm{cr}} / \varepsilon_{\mathrm{b}} \\ \zeta &= 1 - 2 / \left[3 + \eta (a/b)^4 \right] \end{aligned} \right\} \tag{3.77}$$

式中:a,b 为桁条间蒙皮的长度和宽度;ϕ 为桁条间蒙皮的有效宽度系数;$\varepsilon_{\mathrm{cr}}$ 为桁条间蒙皮的局部屈曲应变;η 为蒙皮的各向异性度,$\eta = \dfrac{A_{22}}{A_{11}}$。

3.7.3　蜂窝夹层板的稳定性分析

针对蜂窝夹层板的不同破坏模式,可以给出相应的经验公式。假设面板为各向同性材料,面板是正交各向异性的复合材料蜂窝板也可参照使用。

（1）整体失稳的屈曲载荷为

$$\sigma_{\mathrm{cr1}} = \frac{k_1 \pi^2 D}{L^2 + \dfrac{\pi^2 D}{h_c E_c}} \tag{3.78}$$

式中:D 为蜂窝夹层板的抗弯刚度;L 为蜂窝夹层板的长度;E_c 为芯子的抗压模量;h_c 为芯子的高度;k_1 为与板两端边界条件相关的屈曲系数。

（2）面板皱损的屈曲载荷为

$$\sigma_{\mathrm{cr2}} = k_2 \sqrt{\frac{E_f E_c t_f}{(1 - \nu_f^{\,2}) h_c}} \tag{3.79}$$

式中:E_f 为面板弹性模量;ν_f 为面板材料的泊松比;t_f 为面板厚度;k_2 为失稳系数,考虑边界和初始缺陷,取值在 $0.33 \sim 0.82$ 之间。

（3）夹层板剪切皱损的屈曲载荷为

$$\sigma_{cr3} = \frac{h^2}{(t_{1f} + t_{2f}) h_c} G_c \tag{3.80}$$

式中：h 两面板中面之间的距离；G_c 为芯子的剪切模量；t_{1f}，t_{2f} 为上、下面板的厚度。

（4）蜂窝芯格内面板凹陷的屈曲载荷为

$$\sigma_{cr4} = \frac{2E_f}{(1 - v_f^2)} \left(\frac{t_f}{S}\right)^2 \tag{3.81}$$

式中：S 为蜂窝芯格内切圆直径。

（5）芯子压塌的屈曲载荷为

$$\sigma_{crush} = \frac{\sigma_{crj}}{1 + \dfrac{2E_c}{h_c} \dfrac{\delta_0}{\sigma_{cc}}} \tag{3.82}$$

式中：δ_0 为面板初始波形的幅值；σ_{cc} 为蜂窝芯子压缩强度；σ_{crj} 为取上述临界应力（σ_{cr2} 和 σ_{cr4}）中的较小值。

（6）面板脱胶的屈曲载荷为

$$\sigma_{debond} = \frac{\sigma_{crj}}{1 + \dfrac{2E_c}{h_c} \dfrac{\delta_0}{\sigma_{bc}}} \tag{3.83}$$

式中：σ_{bc} 为蜂窝芯子与面板的胶接强度。

3.7.4 薄壁加筋筒壳的稳定性分析

此处分别给出承力筒结构中的各部分构件的屈曲临界应力计算公式。

（1）蒙皮的失稳临界应力为

$$\sigma_{cr,c} = k_c E \frac{t}{R} + \frac{k\pi^2 E}{12(1 - v^2)} \left(\frac{t}{b}\right)^2 \tag{3.84}$$

式中：R 为壳体蒙皮的曲率半径；t 为蒙皮厚度；b 为蒙皮曲板的宽度；k，k_c 为屈曲系数；E 为蒙皮材料的弹性模量；v 为蒙皮材料的泊松比。

式（3.84）中右端的第一项相当于光圆筒体的临界应力，屈曲系数 k_c 可按下述条件确定：当 $\dfrac{b^2 \sqrt{1 - v^2}}{Rt} \leqslant 40$ 时，取 $k_c = 0$；当 $\dfrac{b^2 \sqrt{1 - v^2}}{Rt} > 40$ 时，取 $k_c = 0.15 \sim 0.3$。第二项相当于矩形平板的临界应力，屈曲系数 k_c 取决于板的支撑条件。蒙皮板按四边铰支处理，系数 k 等于 4。当材料泊松比 $v = 0.3$ 时，可改写为

$$\sigma_{cr,c} = k_c E \frac{t}{R} + 3.6 E \left(\frac{t}{b}\right)^2 \tag{3.85}$$

（2）桁条的失稳临界应力。

1）桁条整体失稳。

$$\sigma_{cr,s} = \frac{C\pi^2 E_s}{\left(\dfrac{L}{i}\right)^2} \tag{3.86}$$

式中：C 为支撑系数，取值为 $1.0 \sim 4.0$（其中，简支 $C = 1.0$，固支 $C = 4.0$）；E_s 为桁条材料的弹

性模量；L 为两框间桁条的长度；$i=\sqrt{\dfrac{I}{A}}$，为计入蒙皮有效宽度后的桁条截面惯性半径，其中 I 为桁条截面惯性矩，A 为桁条截面面积。

（2）桁条局部失稳。

$$\sigma_{\mathrm{cr,s}}=\frac{k\pi^2}{12(1-\nu_s^2)}\frac{E_s}{\left(\dfrac{b_s}{t_s}\right)^2} \tag{3.87}$$

式中：b_s 为桁条平臂的宽度；t_s 为桁条平臂的厚度；E_s 为桁条材料的弹性模量；ν_s 为桁条材料的泊松比；k 为屈曲系数，该值与计算单元的支撑特性有关，若计算的壁板被相邻的两块壁板支撑，取 $k=4$，若计算的壁板仅被一个相邻的壁板支撑，取 $k=1$。

对于金属材料，ν_s 一般近似等于 0.3，则式（3.87）可改写成

$$\sigma_{\mathrm{cr,s}}=\frac{0.9kE_s}{\left(\dfrac{b_s}{t_s}\right)^2} \tag{3.88}$$

（3）下端框的稳定性分析。

框的临界径向压力为

$$P_{\mathrm{cr}}=\frac{EI}{R^3}(m^2-1)+\frac{C_t R}{m^2(m^2-1)} \tag{3.89}$$

式中：P_{cr} 为框的临界径向压力；E 为框材料的弹性模量；I 为框截面的惯性矩；m 为框径向失稳时的波数；C_t 为框的弹性支撑常数；R 为框半径。

3.8　本　章　小　结

本章从薄板小挠度理论出发，首先，分别采用静力平衡法和能量法推导了单向均匀受压板的屈曲临界载荷，并给出不同边界条件和组合载荷作用下弹性薄板的稳定性分析方法；其次，扩展到有限挠度理论下的薄板稳定性问题，推导得到了薄板屈曲后的挠度随载荷的变化关系；再次，讲述了飞行器薄壁结构的稳定性设计方法，介绍了型材和板材类结构的抗失稳设计，并给出了加筋板初始失稳后继续承载的力学原理和分析方法；最后，给出了工程中常见的几种复合材料壁板构型的稳定性计算公式。

参 考 文 献

[1]　周承倜. 薄壳弹塑性稳定性理论[M]. 北京：国防工业出版社，1979.

[2]　陈铁云，沈惠申. 结构的屈曲[M]. 上海：上海科学文献出版社，1993.

[3]　黎绍敏. 稳定理论[M]. 北京：人民交通出版社，1989.

[4]　吴连元. 板壳稳定性理论[M]. 武汉：华中科技大学出版社，1996.

[5]　沈惠申. 板壳后屈曲行为 [M]. 上海：上海科学技术出版社，2002.

[6]　陶梅贞. 现代飞机结构综合设计[M]. 西安：西北工业大学出版社，2001.

[7]　佚名. 薄板的屈曲[EB/OL]. (2010-12-28)[2022-01-05]. https://wenku.baidu. com/view/3539ceea172ded630a1cb605.html.

第4章 结构分析的有限单元法

本书第 2 章及第 3 章重点介绍了梁/板型薄壁结构稳定性问题的静力法和能量法的求解过程,然而有限单元法是当前求解结构稳定性问题的主流方法,具有更为广泛的工程适用性。因此,本章针对基于线性小变形理论的有限元方法,着重讲解其分析结构力学问题的基本流程[3],并介绍与稳定性分析相关的杆、梁及板弯单元的构造方法,旨在为第 5 章结构稳定性分析的非线性有限单元法作铺垫。

4.1 有限元法基本概念和理论

4.1.1 有限元基本概念

采用有限元概念来解决复杂问题的思想其实早在几世纪前就已经出现,比如利用多边形来不断逼近圆形可求得圆的周长,以及将不规则形状的树叶面积用一系列相同面积的小方形来描述。但直到 20 世纪 60 年代,有限单元法才作为一类系统的方法被正式提出。有限元法在早期也被称为矩阵近似法,主要用于航空器结构的强度计算,该方法的实用性和有效性逐渐引起了从事力学研究的工程师及科学家们的浓厚兴趣。随着计算机技术的快速发展和普及,仅用短短数十年,有限单元方法的应用迅速从结构强度计算领域延伸至几乎所有的科学技术领域,已俨然成为一种应用广泛并且实用高效的数值分析方法。

从数学上讲,有限元法其实是一种求解偏微分方程边值问题近似解的数值方法,变分原理和加权余量法则是有限元方法的理论基础,在求解时首先要分解整个问题区域,把计算域剖分为有限个互不重叠的单元,有限元就是那些集合在一起能够表示实际连续域的离散单元,然后在每个单元内选择基函数,采用每个单元内合适的节点作为求解函数的插值点,将微分方程中待求解的变量用变量或其导数的节点值与所选用的基函数的线性组合表达式来描述,然后再借助变分原理或加权余量法,对微分方程进行离散求解,使离散后的误差函数达到最小值并产生稳定解。因此,有限元分析是将复杂问题用若干简单问题描述后再等效求解,用单元基函数的线性组合来逼近单元中的真解,整个计算域上总体的基函数可以看作是由每个单元基函数组成的,则整个计算域内的解可以看作是由所有单元上的近似解构成的。因此,如果选用不同的权函数和插值函数形式,也就形成了不同类型的有限元方法。由此可知,有限元法所得到的数值解并不是精确解,而是近似解。然而,大多数实际的复杂问题难以得到准确甚至近似解,采用有限元法,不仅可以达到较高的计算精度,而且能够适应各种复杂问题,因此该方法具备极高的工程实际应用价值和发展潜力。

有限元法最早被用来求解结构力学问题,随着计算机技术的发展,也逐渐用于流体力学,目前已经成为解决复杂工程问题的有效途径,从桥梁、汽车到航天飞机,几乎所有的设计制造都已离不开有限元计算。国外早在 20 世纪 60 年代就开始投入大量的人力和物力来开发有限元分析程序,20 世纪 70 年代初诞生了真正的 CAE 软件。为满足市场需求和适应计算机硬、软件技术的迅速发展,开发商在大力开发 CAE 软件产品的同时,对现有软件的性能、功能、用户交互界面和前、后处理能力,都进行了显著的改进与扩充。经过近一二十年的发展,目前市场上知名的 CAE 软件在分析功能、计算性能、用户易用性、使用可靠性以及对软/硬件运行环境的适应性方面,均可满足各类型使用者的基本需求,从而为广大用户解决了一系列的工程实际问题,并且也为科学技术的进一步发展和工程分析设计作出了令人瞩目的巨大贡献。目前流行的 CAE 分析软件主要有 ABAQUS, PATRAN/NASTRAN, ANSYS, ADINA, COS-MOS 等。ABAQUS 由于具备强大的分析功能及优越的 CATIA 前后处理界面,被广泛用于分析各种类型的复杂力学,特别是非线性力学问题,包括结构稳定性所涉及的结构几何非线性问题。MSC 的 PATRAN/NASTRAN 软件因为受到 NASA 的支持,成为航空航天领域的主流认证软件,该软件早期主要用在航空航天结构的线性有限元分析领域,后期又以冲击、接触为特长的 DYNA3D 为基础组织,开发了动力学模块 DYTRAN,在兼并了早期经典的非线性分析软件 MARC 后,其对固体非线性力学的分析能力有了提升,可以说是一款各方面性能都较为均衡的大规模有限元分析软件。

综上所述,有限元方法可以说是基于现代科学发展的重要数值计算方法,目前已经历了60 多年的发展历程,被广泛应用于各类型工程技术问题的计算分析与设计评估中,成为现代工程分析设计中必不可少的软件工具。其主要的应用领域有下述几类:

(1)结构静力学线弹性、材料非线性、几何非线性等静力学问题的刚/强度分析,复合材料的渐进损伤模拟、裂纹尖端的应力强度因子计算,本书所关心的结构特征值屈曲载荷以及后屈曲响应分析计算等;

(2)结构的固有频率及动力学响应分析,比如遭受冲击后的瞬态动响应计算、动力学模态(频率、振型)分析等;

(3)岩石土壤结构、桥梁隧道承载、地震响应、建筑摇摆等数值计算分析;

(4)可作为轻质飞行器薄壁结构、汽车桥梁设计等工程设计项目中开展优化设计、可靠性分析、损伤容限设计等的软件工具;

(5)流体力学问题中的定常/非定常绕流、射流场计算分析;

(6)航空器复杂外形及材质的电磁散射场和 RCS 数值计算。

4.1.2　有限元理论基础

有限元方法本质上是求解各种复杂偏微分方程系统边值问题的数值逼近方法。然而,对结构力学问题而言,常见的偏微分方程系统有以下两类。

(1) 三维空间中的弹性体受力问题。弹性体受力平衡方程为

$$\partial_j \sigma_{ij} - P_i = 0, \quad i,j = 1,2,3$$

其中

$$\partial_j = \frac{\partial}{\partial x_j}$$

可引入张量求和记法将平衡方程重新表述为

$$\partial_j \sigma_{ij} = \frac{\partial \sigma_{i1}}{\partial x_1} + \frac{\partial \sigma_{i2}}{\partial x_2} + \frac{\partial \sigma_{i3}}{\partial x_3}$$

描述三维弹性体变形关系的几何方程为

$$\varepsilon_{ij} = \frac{1}{2}(u_{i,j} + u_{j,i}), \quad i,j = 1,2,3, \ u_{i,j} = \frac{\partial u_i}{\partial x_j}$$

描述三维弹性体应力应变关系的物理方程为

$$\sigma_{ij} = C_{ijkl}\varepsilon_{kl}$$

三维弹性体需满足的边界条件为：

Dirichlet：基本（位移）边界条件：$U_i|_{\Gamma_e} = \bar{u}_i$，$i = 1,2,3$。

Neumann：自然（力学）边界条件：$\sigma_{ij}l_j|_{\Gamma_t} = \bar{P}_i$，$i = 1,2,3$。

（2）任意截面的扭转问题。扭转问题的二维 Poisson 方程为

$$-\nabla^2 u = \bar{f}(x,y), \quad (x,y) \in \Omega \subset R^2$$

其中 Laplace 算子为

$$\nabla^2 = \frac{\partial^2}{\partial x^2} + \frac{\partial^2}{\partial y^2}$$

位移边界条件为

$$u = \bar{u}(x,y), \quad (x,y) \in \Gamma_D \subset \partial\Omega$$

力学边界条件为

$$\frac{\partial u}{\partial n} = \bar{g}(x,y), \quad (x,y) \in \Gamma_n \subset \partial\Omega$$

在确定了需要求解的结构力学问题后，从基础数学的角度上来看，有限元法的分析原理及求解过程大致如下：

1）有限元方法的基本思想是要将一个复杂的偏微分方程系统求解问题等价转换为一个已知泛函的变分问题，这样一来，通过变分来求解该泛函的驻值问题就等价于求解原先的偏微分方程系统。对上述列出的两个偏微分方程问题，其相对应的泛函可选择如下：

三维空间中弹性受力体的泛函可表述为

$$J = \frac{1}{2}\int_\Omega \sigma_{ij}\varepsilon_{ij}\,\mathrm{d}v - \int_{\partial\Omega} P_i u_i\,\mathrm{d}s$$

任意截面扭转问题的泛函可表述为

$$J = \frac{1}{2}\int_\Omega \left[\left(\frac{\partial u}{\partial x}\right)^2 + \left(\frac{\partial u}{\partial x}\right)^2\right]\mathrm{d}\Omega - \int_\Omega u\bar{f}\,\mathrm{d}\Omega - \int_{\Gamma_N} u\bar{q}\,\mathrm{d}s$$

对上述泛函求变分，并令 $\delta J = 0$，可得到泛函取驻值（极小值）的条件，其中，一阶变分为零时，可获得原物理问题的微分方程描述，对结构的弹性系统而言，就是其受力平衡方程。

2）有限元方法的求解过程是要用离散后的有限维子空间上的近似函数来逼近连续体中无限维的真实函数，可以理解为数学插值逼近的过程。因此，直接求解泛函驻值的方法是一个泛函极小化序列的逼近过程：

$$\lim_{n\to\infty} J_{\min}(U_n) = J_{\min}$$

该泛函极小化序列逼近的求解过程及思路如下：

首先,需要构造近似场函数:

$$U_n = \sum_{k=1}^{n} C_k \phi_k (x, y)$$

其中的 $\phi_k(x, y)$ 需满足基本边界条件 $\phi_k \big|_{\partial \Omega} = \bar{u}$,任何有限个这样的函数线性无关,同时还要满足完备性要求;

然后,代入 U_n 到相应的泛函表达式中,如上述给出的三维空间中的弹性体泛函以及任意截面扭转泛函,展开后可以获得函数表达式 $J(U_n)$;

最后,对泛函求变分,并令 $\delta J = 0$,可得到泛函取驻值(极小值)的条件,该条件是关于场函数中系数 C_k 的线性代数方程组,也叫平衡方程。

(3)求解受力平衡方程。 该受力平衡方程为大型稀疏的线性代数方程组,可采用较为成熟的线性方程组求解方法来进行求解,获得场函数中系数 C_k 的具体数值,代入后即可得到近似场函数。

本章阐述有限单元法的主要目的是为第 5 章介绍结构稳定性的有限元分析方法作铺垫,结构稳定性分析主要涉及非线性有限元方面的内容,为便于理解并过渡,本章需要先讲解线性有限元的基本知识,因受篇幅限制,仅大致介绍线性有限元方法的基本流程以及涉及的稳定性分析常用单元。读者如果想深入学习有限单元法,可以进一步了解以下基础知识:变分原理(固体力学中的能量泛函变分原理)、变分的数值计算(数值积分)、函数逼近理论(分片插值)等。

4.1.3　有限元分析步骤

针对不同类型的结构力学问题,采用有限元方法进行分析求解的基本步骤和流程是大致相同的,下述是其基本步骤。

(1)对结构模型进行离散化,即划分网格。

对整个结构进行离散,将其划分为若干个单元,单元之间通过节点连接。 如此一来,原先连续的待求解域就被近似为具有不同有限大小和形状且彼此相连的有限个单元组成的离散域,这个过程也被称为有限元网格划分。 显然,网格划分得越小(单元越密)则离散域的近似效果越好,即有限元计算结果越精确,然而计算量也会显著增加,因此求解域的离散化是有限元法的核心技术之一。 特别是对于几何非线性效应所引起的结构稳定性问题,具有精细的网格尺寸,才能实现对复杂非线性变形的高保真模拟,并保障迭代计算的稳健性。

(2)计算离散化模型中各个单元的刚度矩阵 $\boldsymbol{K}_e$。

在单元层面得到一个近似解,即推导有限单元的计算列式,具体包括建立单元坐标系,选择合适的单元形函数,借助几何方程、物理方程等给出单元内各物理变量的离散关系,进而形成单元的刚度矩阵 $\boldsymbol{K}_e$。 为保障数值近似解求解的收敛性,在单元构造中要遵循许多原则。 在工程应用中尤其要注意每一种单元的自身特点和适用范围。 比如,离散后的单元形状最好是规整的,畸变单元不仅数值精度低,而且有可能会缺秩,进而无法求解。

(3)将单元刚度组装成结构总刚度矩阵 $\boldsymbol{K}$,并列出平衡方程。

在相邻单元的共用节点处来组装结构刚度,将各单元刚度值在共同节点处叠加形成离散域的结构总刚矩阵,位移变量及其导数的连续性需建立在节点处,即单元函数的连续性要得到一定程度的满足。 若为静力学问题,则在总体刚度矩阵组装完成后即可写出结构的总体平衡方程,即 $\boldsymbol{K}\boldsymbol{q} = \boldsymbol{f}$,其中 $\boldsymbol{q}$ 是结构的节点位移向量、$\boldsymbol{f}$ 是结构的节点力向量。 若为稳定性问题,则需要建立特征值屈曲方程或非线性静力平衡方程。

（4）给平衡方程设置边界条件，求解平衡方程得到各节点的位移值。

位移边界条件及载荷边界条件是结构受力分析时最为常见的两大类边界条件。针对离散后的结构，施加在结构上的边界条件最终都将通过某种方式等价转换到结构的网格节点上。组装完成的总体刚度矩阵 K 是奇异的，平衡方程的解不唯一，表明结构可以在空间任意位置处平衡。因此，需要在总体平衡方程中设置边界条件，进而消除总刚矩阵 K 的奇异性，从而能够求解该线性方程组获得结构在当前边界条件下唯一的节点位移 q 值。

（5）基于位移解来计算各单元内的应力和应变值。

有限元分析本质上是一种位移法，因此首先获得的是结构的位移值，然后再从结构整体节点位移向量 q 中提取每个单元的节点位移值 q_e，将其代入单元内部的几何方程以及物理方程，即可获得单元内的应力和应变值。由此可见，在有限元法求解得到的各物理量中，最为精确的应该是位移值，因为涉及导数计算，其得到的应变和应力值的精度相比位移都会有所下降。

4.2　结构有限元模型

随着有限元分析软件的日益成熟，其基础核心算法模块的分析功能、数值精度以及稳健性都得到了大幅提升，使用者仅需把主要精力花在有限元模型建模及计算结果数据分析上即可。基于此，本节将主要介绍结构有限元模型的建立以及相关的若干前处理事项。

4.2.1　软件分析的流程

商用有限元软件的结构分析过程一般可划分为三个阶段，即前处理、分析求解和后处理。

（1）前处理。

前处理指的是在有限元软件实施计算之前需要完成的工作。前处理的主要任务是建立有限元模型并施加边界条件。前处理的主要目的是将待求解的问题抽象为能为接下来的数值计算提供所有输入数据的计算模型，该模型能够定量反映分析对象离散后的几何、材料、载荷、约束等各个方面的特性。前处理建模的主要任务是将结构离散，但围绕离散还需要完成很多与之相关的工作，如结构形式简化、几何模型建立、单元类型和数量选择、单元属性定义、单元质量检查等。

（2）分析求解。

分析求解是基于前处理建立的有限元模型完成不同类型问题的数值计算，并输出需要的计算结果。这部分内容是商用软件的核心算法模块，因此大多都是以黑匣子的形式体现的。这部分工作主要包括单元刚度计算、总体刚度矩阵组装、边界条件处理以及平衡方程求解。分析求解过程除了需要选择合适的求解器以及设置求解参数外，一般不需要再人为干预。对于结构非线性屈曲问题，求解参数的设置将直接影响求解过程的稳健性。

（3）后处理。

当求解完成后，紧接着需要做的工作就是后处理，其主要任务是对计算结果进行整理查看，并将关心的数据（如屈曲模态、非线性变形及应力等）按照一定的方式表达出来，以便对研究对象的力学性能进行分析和评估，进而作出相应的改进及优化，这也是开展有限元分析的最初目的。

4.2.2　结构有限元建模

前处理建模是结构有限元分析过程中最具人为因素,并且最为重要的环节,这主要有以下四个原因:①有限元建模影响结果精度。有限元模型要为计算提供所有的原始基础数据,是开展有限元计算的前提条件,模型建立过程中产生的误差会直接影响最终计算结果的精度。如果模型自身不合理,即使求解算法性能再优越,数值解精度再高,也不可能得到准确的分析结果。由此可见,模型的准确性是决定分析精度的首要因素。②有限元模型会影响计算过程。对于同一研究对象,不同模型所需的计算时间可能会相差很大,对非线性屈曲问题,不合理的模型可能影响迭代收敛效率甚至造成求解发散计算终止。③有限元建模对人员素质要求高。对于实际工程结构,考虑到其几何模型形状、载荷/位移工况条件以及材料性质的复杂性和多样性,想要建立一个完全吻合真实结构的有限元模型几乎是不可能的。因此,需要综合考虑多方面因素,尤其是简化几何形状、选择单元类型、设置网格划分、处理边界条件等,这些都对使用人员的力学及有限元专业知识和软件使用技能等方面提出了很高要求。④建模花费时间长。有限元分析过程中建模所花费的时间占有相当大的比例,尤其是对大规模复杂模型而言。正如之前所说,使用人员可以把求解过程完全当作"黑匣子",把主要精力放在建模上,这也是有限元计算过程中使用人员能够完全掌控的重要环节。

1. 有限元模型信息

有限元分析中前处理建模的重要性不可忽视,该模型中一般包括三大类信息,即节点信息、单元信息以及边界条件信息。

(1)节点信息。与节点相关的有限元数据信息主要包括:①节点编号。节点的标识符,有限元模型中的每个节点都有一个唯一的编号,节点编号不能重复,但可以不连续。软件在对结构划分网格的过程中,节点是由计算机自动编号的,编号顺序不一定合理,当需要对有限元模型进行修改时,删除若干节点后就造成了编号的不连续。节点编号会直接影响总刚矩阵的带宽,即含稀疏矩阵线性方程组的求解效率,因此可在计算前重新对节点进行编号,进而优化带宽结构。②节点坐标值。相对给定的参考坐标系,有限元模型中每个节点的位置是确定的。对于三维结构,节点坐标由 (x,y,z) 三个值确定。节点位置确定后,单元的形状也就确定了。③坐标参考系代码。一般情况下节点坐标参考系都默认是结构的总体坐标系,但在复杂模型建模时可能会定义多个坐标系,不同节点可根据情况参考不同的坐标系。可根据坐标系代码来明确该节点坐标值到底是相对哪个坐标系给出的。④位移参考系代码。有限元分析直接给出的是节点处的位移值,该位移值一般默认是在总体坐标系中表示的。为了便于分析,有时也需要定义不同的位移参考系,节点的位移分量在不同的位移参考系中所表示的方向也是不同的,可根据坐标系代码来明确该位移值到底是相对哪个坐标系给出的。⑤节点数量。有限元模型规模等于节点数量乘以每个节点的自由度数目,因此可以说节点数量直接决定了模型的规模,可依据节点总数来大致衡量模型的大小。

(2)单元信息。单元数据信息更丰富:①单元编号。与节点编号相同,每个单元同样都有一个唯一的编号,作为单元的标识符,单元编号不能重复,当删除一些单元后会造成编号不连续,可以考虑重新对单元进行合理编号。②组成单元的节点编号。节点坐标值决定了单元形状,单元需要与组成该单元的那些节点编号挂钩才能唯一确定其形状。③单元材料特性。结构材料属性是直接定义在单元上的,具体包括弹性模量、泊松比、热膨胀系数和密度等,不同单元可能会对应不同的材料特性。④单元物理特性值。其主要包括单元本身的物理特性和辅助几何参数,比如板壳单元的厚度、复合材料单元的铺层信息、弹簧单元的刚度系数、集中质量单元的质量等。⑤一维单元的截面特性。一维单元主要包括杆和梁单元,这类单元刚度与其截面特性密切相关,需要赋予截面形状、截面面积、惯性矩等。⑥相关几何信息。这类数据信息主要用于描述单元本身的一些几何特征,如各向异性材料的主轴方向、梁/壳单元的偏移量和截面方位、刚体单元自由度释放码等。

(3)边界条件信息。作用在结构上的边界条件在有限元计算时都会等价转换到单元节点上,主要包括的数据类型有:①位移边界条件数据。这类数据规定模型中哪些节点、节点哪些自由度上的位移受到约束条件的限制以及约束的类型和大小。②载荷边界条件数据。这里的载荷是一种广义载荷,既包含常见的机械载荷,也可指热载荷、电磁等。可定义模型中节点各个自由度上的载荷值以及单元边载荷和面力、体力等作用的位置、方向、大小及作用规律等。③其他类型边界条件。主要包括多点约束、接触等。

2. 有限元模型建立原则

为提高有限元分析的计算性能,建立有限元模型时需要考虑的因素较多,不同问题的侧重点也不一样。但总体来说,在建立结构有限元模型的过程中需要遵循两个原则:一是确保计算精度,二是提高求解效率。然而,精度和效率对数值算法而言始终是一对矛盾体,因此建模时需要依据具体的任务要求和分析条件权衡考虑。必须要在保证精度的前提下,合理地缩减计算量,进而提升求解效率,尤其是对需要反复调用计算的问题,提升求解效率就显得更加重要了。下面重点阐述在有限元分析过程中如何遵循上述两条原则。

(1)确保有限元模型的计算精度。有限元法本质上是一种数值计算方法,所得到的解只能是实际问题的近似解。必须将近似解与精确解的差异控制在一定的范围内,否则有限元分析就是失败的,获得的数值解也是完全没有意义的。然而,要想判断数值解的精度,必须要提前知道真实解,因此必须开展有限元网格的收敛性分析,可以将收敛后的解近似看作真实解。这是因为当所构造的单元位移函数满足连续性条件时,有限元解是收敛的,即随着单元数量的增加,有限元解会逐渐逼近精确解。例如,一条边固支同时受到均匀面外载荷的平板,其面外最大位移

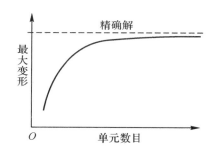

图 4.1　有限元解的收敛情况

随单元数量增加时的收敛情况如图 4.1 所示。有限元解一般都是从精确解的下方收敛的,这是因为连续体离散后的结构刚度"变硬",受力后的变形相对实际变形要小。从收敛曲线可以看出,增加单元数量,即划分出比较密集的网格是提高有限元解精度的有效方法。然而,当单元数量增加到一定程度后,有限元解的收敛速度明显变慢,这时即便再增加网格密度,数值解精度的提高程度也不会太大,反而会影响计算效率。实际分析时可以直接选用与收敛解精度相差不大的网格尺寸,这样既能保障数值计算精度,又能有效控制求解规模。

大多数情况下,利用有限元分析,可将单元位移函数假设为形式简单的线性函数,但若想提高单元收敛效率,则可以选用二次函数表达的单元位移函数,此时的单元被相应地称为二次单元,其位移函数逼近真实位移的精度会有所提高。对于受面外均布载荷的薄板,采用线性单

元(一次单元)和二次单元的收敛情况明显不同,如图 4.2 所示,二次单元的收敛曲线始终位于
线性单元的上方,这说明在单元数目相同的情况下,二次单元的计算精度要高于线性单元的计
算精度,但当单元数量增加到一定程度后,两者的计算精度差异也会越来越小。除了单元数量
和单元阶次会对计算精度有影响外,划分网格时的单元形状也很重要。较为规整的单元形状,
如正多边形(等边三角形或正方形)和正多面体,是最为理想的,单元形状越畸变(矩形单元长
宽比过大、单元边角度变化剧烈等),数值计算的误差越大,这大多是单元数值计算的各种闭锁
现象造成的。

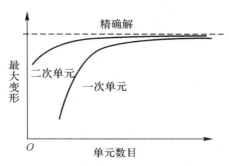

图 4.2　二次单元和线性单元(一次单元)的收敛情况

　　(2)提升有限元模型的求解效率。有限元分析的求解效率首先与模型规模挂钩。有限元
模型规模指的是模型的大小,可直接用节点数和单元数来度量。总体来说,节点和单元的数目
越多,模型的规模越大,需要求解的结构平衡方程 $[K]\{q\}=\{f\}$ 的阶数也就越高。由于总刚
矩阵的阶次等于节点数与其自由度的乘积,因此节点的自由度数目也会影响模型规模,即模型
的总自由度数。比如,壳单元每个节点有 6 个自由度,比体单元多出 1 倍,在节点数目相同的
情况下其模型规模也会翻倍。　除此以外,数值计算大都采用带宽法和波前法求解平衡方程,
运算次数和存储空间不仅与方程阶数有关,节点和单元的编号顺序对其影响也较大。

　　有限元分析过程中,模型规模会对以下几方面产生影响:① 计算时间。计算机在对线性
方程组进行求解时所需的近似运算次数正比于 N^3(N 为总刚矩阵的阶次),若采用半等带宽
存储总刚矩阵,则近似运算次数正比于 NB^2(B 为半带宽)。由此可见,计算时间和模型的单
元、节点数目,以及半带宽(节点编号)均密切相关。② 存储容量。有限元计算过程中,需要将
运算程序和模型原始数据调入计算机内存,使其自动执行并参与运算,同时还要将暂不需要的
计算结果传到硬盘储存,以腾出内存空间用于计算,待需要时再重新调入内存,因此有限元分
析时计算机的内、外存储空间之间在不断地进行数据交换。有限元模型规模越大,单次需要调
入内存的数据量就越多,由此产出的中间结果也越多。通常情况下,暂存中间结果所需要的动
态硬盘空间(虚拟内存)要远大于存储一个模型所用的静态硬盘空间。针对具体的有限元分
析硬件环境,计算机内存和硬盘的大小终归是有限的,一旦模型太大,硬件存储容量不够,就会
导致计算过程中断。③ 计算精度。计算机浮点运算过程不可避免地会产生误差,特别是当有
限元模型的规模越大,需要的运算次数越多时,运算过程的误差积累可能会越严重,积累到一
定程度时,有限元计算得到的结果就完全不具备参考价值。④ 其他因素。模型规模除了会影
响上述各因素外,超大的模型规模还会显著增加几何模型处理、网格划分、材料/几何属性赋
予、边界条件引入、多种工况重复计算以及模型修改和结果后处理等工作的任务量和分析时

间。 因此,建立有限元模型时,最好能在保证计算精度的前提下,尽量减少其单元和节点数目,缩小模型规模,进而保证在有限的计算资源下,能够更快、更好地完成计算任务。这个目标的实现离不开高性能、先进单元的构造以及求解算法性能的显著提升。

4.2.3 有限元建模步骤

结构有限元分析的建模过程大致可包括图 4.3 所示的 7 个步骤,对于不同的问题可能在细节上稍有区别。

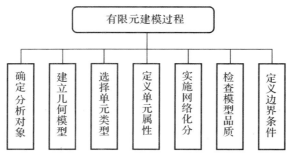

图 4.3 有限元建模的基本步骤

1. 建立结构的几何模型

有限元分析首先要完成从 CAD 几何模型到 CAE 分析模型的转换过程,CAD 几何模型的准确性将直接影响之后的有限元操作。有限元模型的建立首先要根据分析对象的形状、尺寸和边界条件等特点,确定适合开展有限元分析的几何区域,这种能够反映分析对象几何特征的求解域就是几何模型。几何模型是实施网格划分的对象和基础,对离散过程、网格形式和网格数量都有较大影响。初始的 CAD 模型一般不适合直接划分网格,在建立几何模型的过程中,最重要的任务就是要对原有结构进行适当处理,对几何模型合理地进行形状简化、构型变换和复杂细节处理,既能保证较好的还原精度,又能有效简化后期的网格分网和分析计算过程。由此可见,几何模型都是从实际结构抽象出来的,需要在综合考虑各种因素后,视情况修改其维数、形状及大小,修改后可能与初始模型存在一些差异,但基本原则是不影响对问题的分析。对几何模型进行处理的一些常见方法如下:

(1)降维处理。在分析薄壁结构时最常见的操作就是将原来的三维几何模型降为二维来处理,即从三维体中抽取中面来建模,这是由于薄壁结构厚度方向的尺寸远小于另外两个方向的尺寸。同样,对于三维的细长类构件,有时也可以直接采用一维的线段来简化建模。总之,降维处理的目的是简化模型的复杂程度,减小后期网格划分和求解的模型规模,但需要注意模型降维的合理性。

(2)复杂细节简化。对不影响整体力学性能的复杂细节,可以简化处理,这样可以避免局部复杂畸变,有利于整体网格的协调一致,但需消除可能导致的应力集中现象。比如,机械零件中常存在一些相对尺寸很小的细节,如退刀槽、倒圆、倒角等,这些小细节会影响整个模型总体网格的大小、数量和分布形式,不利于网格划分及模型质量控制。

(3)整体-局部建模。实际工程中有些结构的尺寸可能很大,但主要受力部位或重点关注部位相对较小,对这些局部部位需要尽可能精细还原几何构型并采用较小的网格尺寸,这样一来会与其余部分的几何构型以及网格密度出现不兼容,如果对整个结构精细建模,则会显著增加建模的工作量,后期的计算量也会明显提高。整体-局部分析就是从整个结构中提取出一小部分区域进行精细建模和计算,对其余部分则可以尽量简化建模,两种模型在非匹配界面处可以传递位移和内力。所挑选的局部部位通常是结构中受力最大、应力或变形最显著的危险区域,比如大展弦比机翼的根部以及复杂连接件部位。

(4)对称性利用。当结构的几何形状和边界条件具有某种对称性时,其应力和变形也将呈相应的对称分布。在对称载荷的作用下,对称轴上下两边的应力和变形完全相同。对于这种情况,其实只需要取出完整结构的一半模型进行计算,便可以清楚地了解整个结构的应力和变形,进而简化建模过程,同时减小求解规模。

2. 建立有限元模型的准备工作

在正式划分有限元模型前,必须要选择单元类型并定义单元属性。

(1)选择单元类型。要在实施网格剖分前选择单元类型,单元类型的选择需要综合考虑多种因素,如分析计算类型、几何形状特征、数值精度控制以及输出响应要求等。对复杂结构,为满足特殊的分析要求和边界条件,可能需要采用多种单元类型来组合建模。所选用的单元类型的合理性会直接影响计算结果。常见单元类型及应用场景见表 4.1。

表 4.1　常见单元类型及应用场景

单元类型	网格维数	单元节点自由度	应用场景
杆单元	1	3 个平动自由度(2 个平面杆单元)	桁架结构
梁单元	1	3 个平动自由度(2 个平面梁),3 个平动自由度(1 个平面梁)	梁、钢架结构
弹簧单元	1	3 个平动自由度(2 个平面),3 个转动自由度(1 个平面)	弹簧结构
平面应力单元	2	2 个平动自由度	平面应力结构
平面应变单元	2	2 个平动自由度	平面应变结构
板单元	2	3 个平动自由度,3 个转动自由度	平板薄壁结构
壳单元	2	3 个平动自由度,3 个转动自由度	曲面薄壁壳体
轴对称壳单元	1	2 个平动自由度,1 个转动自由度	轴对称曲面壳体
空间实体单元	3	3 个平动自由度	三维实体结构
轴对称实体单元	2	2 个平动自由度	三维轴对称结构

需要注意的是,不同的有限元软件所提供的单元类型和种类不完全相同,每个软件都会为用户提供一个单元库。实际使用时,软件会依据结构几何模型的特性默认首选的单元类型,当然用户也可以自己从单元库内选择单元。因此,软件单元库的单元类型越丰富,建模及分析的能力也就越强。

参考表 4.1 中的各类型单元,可以按照下述三种方式进行分类:

1)按单元维数分类。根据单元几何形状的维数特征,可将单元分为一维单元、二维单元和三维单元。一维单元的形状为直线或曲线,仅有长度方向的尺寸概念,肉眼几何上不具备截面尺寸。其中,直线代表由两个节点确定的线性单元,曲线代表由两个以上节点确定的高次单元,或具有特定形状的线性曲梁单元。杆单元、梁单元、轴对称壳单元等都属于一维单元,常用于桁架和钢架结构。二维单元的形状是一个平面或曲面,肉眼几何上不具备厚度方向的尺寸,包括平面应力单元、平面应变单元、轴对称实体单元、板单元以及壳单元等。软件在自动划分网格时,要求二维单元对应的几何模型是二维面模型或实体模型的边界面。三维单元的形状在空间三个方向上均有尺寸,这类单元主要是实体单元,自动划分网格时对应的几何模型应为三维实体模型。

2)按位移函数的阶次分类。依据单元位移函数多项式最高阶次数,可将单元分为线性单元、二次单元和三次单元。线性单元的位移函数为线性多项式,网格上只有角节点而无边中节点,其网格边界为直线或平面。此类单元的优点是节点数目少,但对于复杂几何形状,可能需要划分较多的单元来保障模拟精度。同时由于其位移函数是线性的,单元位移场呈线性变化,导致应力应变均为常数,因此单元之间的应力不连续,在单元边界上存在应力突变,如图 4.4 所示。二次单元的位移函数采用二次多项式,不仅在网格顶点处有节点,而且在边界上存在一个节点,因此其网格边界是一个二次曲线或曲面。这类单元的优点在于对几何模型和物理量离散精度较高,单元内位移场呈二次变化,导致应力应变呈线性变化,因此在单元边界上的应力是连续的,如图 4.4 所示。相比线性单元,二次单元在模拟复杂几何形状时虽然不需要采用太多的单元数,但每个单元的节点数目更多。三次单元的位移函数是三次多项式,其每条边上有两个边中节点,有些在单元内部还有节点,从而离散精度更高,但单元节点数较多,使得模型规模增大,通常仅用于具有特殊分析要求的情况。

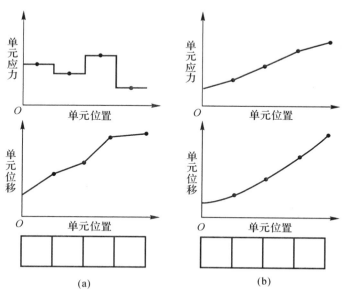

图 4.4　位移和应力的变化规律(线性单元和二次单元)
(a)线性单元;　(b)二次单元

3)按单元形状分类。对于二维单元,其形状通常有三角形和四边形两种。平面单元、轴对称单元的形状为平面三角形或四边形,高阶壳单元的形状则可以是曲面三角形或四边形。对含复杂边界的区域离散时,常使用三角形单元,其边界适应能力比四边形单元强,然而相同单元阶次下的四边形单元精度高于三角形单元,其边界适应能力较弱,因此多用于规则区域。实体单元的形状有四面体、五面体以及六面体三种。其中,与三角形单元类似,四面体单元的边界适应性强,常用于含复杂边界或曲面的不规则结构,而五面体和六面体单元多用于形状较规则的区域。

(2)定义单元属性。单元属性体现为单元的内部数据,主要包括材料数据和截面数据等。这些数据主要用于组成单元的特性矩阵,可以在划分网格前就定义,也可暂时缺省,待单元形成后再进行赋值。常用的单元属性一般包括以下几类:

1)材料属性。材料属性指结构所用的材料在力学、热学以及电磁等方面的性能,比如弹性/剪切模量、泊松比、密度、热膨胀系数等,这些值均与所选用材料类型的固有特性相关。有些有限元分析软件会提供一个材料库,用户直接选用已经定义好的常见材料类型即可,必要时用户也可以自定义材料。对结构力学分析而言,常用的材料类型包括各向同性材料及各向异性材料等,不同类型材料的性能参数和定义方法也不同。

2)物理属性 。物理属性主要赋予单元相应的物理参数或辅助几何特征,与单元类型有关,比如二维单元无法描述的辅助几何参数,即板、壳、平面应力单元的厚度,复合材料铺层单元的纤维角度以及层厚,集中质量单元的质量、转动惯量,弹簧单元的刚度系数和刚度参考坐标系,等等。

3)截面属性 。一维杆和梁单元的形状是一条直线或曲线,仅能描述杆/梁长度方向的几何特征,无法表达截面的几何信息,而杆/梁的力学性能又与截面的形状和大小有关,因此还需定义其截面属性。其中,杆能承受轴向拉压,对其截面属性赋予截面积即可,然而梁可以承受拉压、弯曲和扭转,因此其截面属性不仅包括截面积,还包括惯性矩、极惯矩等。有限元软件中截面属性有两种定义方式:一种是要预先计算出截面的各个参数值,然后将参数值直接在界面输入;另一种是通过软件前处理界面提供的截面定义功能直接以图形方式定义,软件会提供常用截面形状库,只需输入某个截面形状的特征参数,如矩形截面的长宽、圆形截面半径等,软件就可以自动计算该截面的各个属性值。

4)单元其他几何属性。除了上面提到的材料属性、物理属性和截面属性外,为满足特定分析需求,对某些特殊功能单元,还可以赋予一些相关的几何数据,从而可以让单元具备特定的分析能力。

使用有限元软件时,可以在划分网格前将单元的材料属性、物理属性、截面属性和其他几何属性赋予结构的几何模型,对不同的几何区域可以赋予不同类型的属性值,待网格划分完成后这些属性会自动转移到相关区域的单元上去,此时也可以对单元属性进行修改。必须根据结构形式和分析要求正确定义每一个单元所必需的各种特性值,这是计算得出合理结果的必要条件。鉴于每个单元都会有大量特性数据,包括几何信息、属性信息等,如果将这些数据都赋予在各个单元上,不仅整个模型的数据量会非常庞大,而且表达形式也会异常烦琐。因此,通常会独立于单元建立属性表,在属性表中存储单元的各种属性,再将单元与特性表一对一挂钩,这样一来单元数据中只保留了一个相应的属性表识别码,而不是所有属性数据。由于不同单元可能具有相同的属性,因此一个属性表也可被一组单元共用。由于属性表独立于单元,因此删除单元时并不会删除单元所参考的属性表。但单元的几何数据是依附于单元存在的,删除单元后这些数据可能也会消失。

3. 实施有限元模型的网格划分

在完成几何模型建立和单元类型选择后,就可以在几何模型上划分网格。网格划分的工作量较大,需要同时考虑多种因素,网格质量将直接影响有限元计算的模型规模和数值精度,因此该环节在建模过程中是最为关键的。

(1)有限元网格划分的基本原则。在划分网格时一般应考虑以下原则:

1)网格的数量。网格数量将直接影响数值精度和计算规模。当单元数量增加时,网格边界可更好地逼近几何模型的复杂曲线或曲面边界,单元插值函数能够更好地贴近实际函数,也能够更好地描述应力梯度较大的部位的应力值的变化,这样一来也就提高了有限元分析的数值精度。

2)求解的规模。通过增加网格数量虽然能提升数值精度,但随之也会引起计算时间的延长。主要原因在于较大的单元数目增加了单元刚度计算以及总刚组装的时间,单元刚度计算需要采用高斯数值积分,所需的计算成本较高。并且随着网格数目的增加,形成的总体平衡方程的规模也就越大,求解大规模线性代数方程组要占据有限元分析绝大部分的时间。通过上述分析可以发现数值精度和计算效率关于网格数量的矛盾性,如图 4.5 所示,上侧曲线描述的是有限元位移解随网格数量的收敛性,下侧曲线给出了计算时间随网格数量的变化。通过观察可知,当单元数目较少时,通过增加网格数量可明显提升精度,而计算时间不会显著增加,但是当单元数目增加到一定程度后(见图 4.5 中点 a),再继续增加网格对精度提高的效果并不明显,然而计算时间却大幅度增加。因此,在综合考虑计算成本的基础上,并不是网格分得越多越好,还需考虑有限元计算的经济性,在二者之间加以权衡。

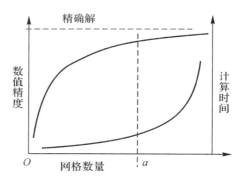

图 4.5　数值精度和计算时间随网格数量的变化规律

3)网格的疏密分布。网格疏密分布的不同,意味着要对结构不同部位采用不同大小的网格尺寸。实际复杂结构的形状可能不规整,存在凸起、凹槽等几何不连续部位,在这些位置或多或少会存在不同程度的应力集中。为了能够真实反映应力场的局部特性并准确计算最大应力值,需在应力集中区域采用较密网格,在应力变化梯度小的非应力集中部位减少网格数量,这样可以有效控制计算规模。以中心带圆孔的方形板的 1/4 模型为例,图 4.6 的网格疏密规律很好地体现了上述原则。由于小孔附近存在应力集中而四周应力梯度较小,两种模型在孔边都采用了较密的网格,但四周区域的网格则相对较稀。两种模型的区别在于,图 4.6(a)在孔边和四周的网格疏密相差较小,一共用了 132 个单元,而图 4.6(b)的网格疏密相差较大,仅有 84 个单元。但有限元法计算出的二者孔边最大应力分别为 300.60 MPa 和 296.36 MPa(精确解为 300 MPa),误差相差在 1% 以内,而图 4.6(b)模型的计算时间可减小 36%。由此可见,通过合理控制结构模型的疏密程度,不但能够保障有限元分析的数值精度,还可控制网格数量,减小计算规模。

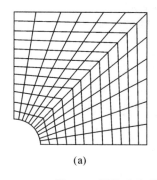 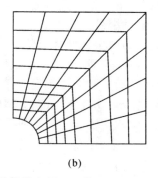

图 4.6　网格疏密程度不同的带孔方板 1/4 模型

(a)网格疏密相差较小;　(b)网格疏密相差较大

4)网格的质量。网格质量指的是单元几何形状的合理性。网格质量不仅能影响数值计算的精度,畸变严重的网格甚至会导致计算中止。直观来说,若网格各边和各内角之间差别不大,即单元表面不过于扭曲,并且边角点位于边界等分点附近,则这类网格的质量较好。有限元软件在网格划分之后,特别是自动划分后,会用具体的定量指标来衡量网格的质量,并将质量不佳的网格区域重新进行划分。比如,有限元模型中不允许出现图 4.7 所示的几种畸形网格形式,其中,图 4.7(a)的网格节点出现交叉编号,节点须按顺时针或逆时针统一编号,图 4.7(b)中单元的其中 1 个内角大于 180°,图 4.7(c)中的网格节点 1 和 3、2 和 4 完全重合,致使单元面积为 0。这些畸变网格都将导致单元刚阵奇异或负定,有限元数值计算时都将出现致命错误而中断。除此之外,网格划分后的单元节点不能位于其他单元的边上而独立存在,如图 4.8(a)所示,并且一般不允许在一个单元内部存在两种不同的材料或单元属性,如图 4.8(b)所示。

 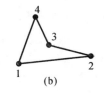

图 4.7　几种畸形网格

(a)交叉编号;　(b)1 个内角大于 180°;　(c)单元面积为 0

 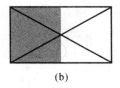

图 4.8　不合理的单元划分形式

(a)不合理节点;　(b)不同材料

(2)有限元网格划分的常用方法。目前主流的有限元分析软件都具备自动或半自动的网格划分功能,从而能显著提高分网速度,这两种方法的主要特点如下:

1)半自动网格划分方法。通过有限元分析软件的人机交互方式,分析人员需要先确定几何模型中的节点位置、单元数目和网格尺寸等信息,然后生成节点和单元,软件可根据节点、单元的生成顺序自动进行编号。该方法的优点是可以任意控制节点位置、单元形状及网格疏密,根据用户需求来有目的地实施网格划分。

2)自动网格划分方法。对于具有复杂形状的结构,网格节点位置完全靠人力确定会非常困难。因此,软件在自动分网算法及程序开发方面的能力有了显著提升,能够对复杂几何形状和复杂的结构区域进行自动分网,自动分网时要确定单元类型、网格形状以及单元阶次,并给定网格尺寸,选定要实施网格剖分的几何模型,之后由计算机自动完成单元生成。总之,自动分网降低了网格划分难度,提高了建模效率。

有关自动分网原理和算法的详细介绍请读者参考有限元法相关的专著。

4. 定义有限元模型的边界条件

实际工程结构服役过程必然会与周边结构或外界发生相互作用,开展有限元分析时,需要将所关心的结构单独抽象出来,同时考虑该结构与其他结构或外界的关系,该关系可以用载荷及位移约束等边界条件来描述。因此,将实际工况转化为模型的边界条件也是有限元建模的关键环节之一。边界条件的施加符合实际工况的程度,会直接影响数值计算结果的精度,然而边界条件的提取与实际工况的复杂程度、物理试验测试方法和手段、分析人员对结构的了解情况以及工程知识和经验等有关。结构分析中边界条件的类型很多,对不同问题需要定义相应的边界条件,总体来说,有位移边界条件和载荷边界条件两种。

(1)位移边界条件的设定。位移边界条件用来描述节点位移的大小和相互关系。有限元模型组装的原始总刚矩阵是奇异阵,意味着整个结构可在无约束或约束不足的情况下发生整体的刚体运动。为了获得结构的弹性变形位移,就必须对模型施加足够的约束条件,进而排除所有可能的刚体运动。二维平面结构的刚体运动表现为2个平动及1个转动,因此施加位移约束必须足以消除这3种运动,至少要在模型上施加3个约束,且被约束的3个位移不能沿同一方向。如果节点只有2个平动自由度,则至少要约束2个节点,如果节点还同时具有转动自由度,则可以只在1个节点上施加所有的3个方向约束。三维空间结构的刚体运动表现为3个平动和3个转动,共6个自由度,需要在模型上施加至少6个位移约束。当节点只有3个平动自由度时,则约束必须加在至少3个不共线的节点上。

在定义位移边界条件时,首先应考虑结构边界上的真实约束条件,如果现有约束不足以消除刚体运动,那么还需补充一些约束。其一般原则是,整个结构或结构重要区域的应力和变形在补充约束后不受影响或影响甚微。可以利用结构的对称性在对称面上来合理补充约束,也可以在变形很小的部位人为增加约束,或者可以将载荷等价转换为约束等。

(2)载荷边界条件的施加。分析结构与其他结构或外界的相互作用时,除了可用位移边界条件表示外,还需考虑载荷边界条件。有限元模型上常见的载荷形式有集中载荷、分布载荷、体积力和温度载荷。有限元软件允许用户将载荷直接施加在几何模型上,然而有限元计算过程中的所有形式的载荷都将转换为等效的节点力。

1)集中载荷。若载荷的作用面相对结构尺寸非常小,则可认为该载荷是作用于某一点的集中载荷。在定义边界条件时,大多数软件都只允许将集中载荷施加在节点上,故集中载荷也常称为节点载荷。节点载荷有节点力矩和节点力两种形式,其中节点力矩只能加在含有转动自由度的节点上,如板壳单元和梁单元的节点。而杆单元、二维单元以及实体单元的节点只有平动自由度,只能施加节点力。由于集中载荷作用在节点上,故划分网格时需要事先将载荷作用点设置为节点。这一要求在半自动分网时易于满足,但若采用自动分网,而载荷作用点又不是几何模型的曲线端点,则无法保证作用点处刚好有节点,这时就需要提前对几何模型进行处理(比如采用切割方式将几何面或线在作用点处剪断)。

2)分布载荷。分布载荷的作用位置分布于结构的表面,有单元面力和线载荷两种形式,常见的有接触压力、气体压力及液体压力等。其中单元面力分布于整个单元的表面,载荷大小按照单位面积上的力来定义,方向可用输入值的正负号来确定。板、壳单元分布力的正方向与单元面的外法线方向一致,负方向与外法线方向相反。线载荷分布于单元的整个边界上,有线分布力和线分布力矩两种形式,载荷大小采用单位长度上的力或力矩来定义。一维单元,如杆、梁单元上,只能作用线载荷。

3)体积力。体积力作用于整个单元的体积内,常见形式有重力和惯性力两种。其中体积力的大小可依据达朗伯原理来计算,由于单元体积可通过其节点的坐标值计算得到,而材料的密度在单元材料特性表中已经定义,所以单元质量是确定的,只需输入结构运动时的加速度、角速度或角加速度即可得到体积力的大小。

4)温度载荷。处于温度场中的结构会因温度变化而发生热变形,如果结构变形是完全自由的,则不会在其内部产生应力,如果结构变形受到外界约束,就会在其内部产生应力,这种因温度变化而引起的应力被称为"热应力",产生热应力的温度变化可以视为一种载荷,称为温度载荷。有限元软件一般会先开展结构的热传导分析,得到结构的温度场分布,然后进行热变形计算,得出热应力和热变形。

4.3　有限元原理及单元设计

本节先阐述有限单元法分析结构力学问题的基本原理,然后给出几种与结构稳定性问题相关的常见单元刚度矩阵的推导和计算过程。

4.3.1　基本原理

从任一弹性微元体的受力平衡方程出发,假设微元体各个面上的法向应力和剪应力与其体力平衡,注意应力从微元体一个面到对面是变化的,即存在应力增量,将作用于微元体各个方向的力求和,略去高阶项,就得到了平衡微分方程:

$$\left.\begin{array}{l} \dfrac{\partial \sigma_x}{\partial x} + \dfrac{\partial \tau_{xy}}{\partial y} + \dfrac{\partial \tau_{xz}}{\partial z} + X = 0 \\[3mm] \dfrac{\partial \sigma_y}{\partial y} + \dfrac{\partial \tau_{yx}}{\partial x} + \dfrac{\partial \tau_{yz}}{\partial z} + Y = 0 \\[3mm] \dfrac{\partial \sigma_z}{\partial z} + \dfrac{\partial \tau_{zy}}{\partial y} + \dfrac{\partial \tau_{zx}}{\partial x} + Z = 0 \\[3mm] \tau_{xy} = \tau_{yx},\ \tau_{xz} = \tau_{zx},\ \tau_{yz} = \tau_{zy} \end{array}\right\} \tag{4.1}$$

式中:σ_x,σ_y,σ_z,τ_{xy},τ_{xz},τ_{yz} 为微元体的六个应力状态;X,Y,Z 是作用在微元体上的体力。如果这六个量在该点是已知的,就可求得经过该点的任何面上的正应力和剪应力,因此,由这六个量可以完全确定该点的应力状态,称为在该点的应力分量。一般来说,弹性体内各点的应力状态都不相同,因此,描述弹性体内应力状态的上述六个应力分量并不是常量,而是坐标 x, y,z 的函数。在有限元分析中,习惯将结构各物理量写成矩阵的形式,这六个应力分量可以用一个列向量来表示:

$$\boldsymbol{\sigma} = \begin{bmatrix} \sigma_x & \sigma_y & \sigma_z & \tau_{xy} & \tau_{yz} & \tau_{zx} \end{bmatrix}^{\mathrm{T}} \tag{4.2}$$

弹性体在受外力以后,还将发生变形。物体的变形状态一般由以下两种方式来描述:

(1) 各点处的位移。弹性体内任一点的位移,用此位移在 x,y,z 三个坐标轴上的投影 u, v,w 来表示。以沿坐标轴正方向为正,沿坐标轴负方向为负。这三个投影称为位移分量。一般情况下,弹性体受力以后,各点的位移并不是定值,而是坐标的函数。

(2) 各体素的变形。其中一类是长度的变化,即任一线素的长度的变化与原有长度的比值称为正应变,用符号 ε 来表示。对沿坐标轴的正应变,则加上相应的下标,分别用 ε_x,ε_y,ε_z 来表示。当线素伸长时,其正应变为正,反之为负。这与正应力的正负号规定相对应。另一类是角度的变化,任意两个原来彼此正交的线素,在变形后其夹角的变化值称为剪应变,用符号 γ 来表示。对两坐标轴之间的剪应变,则加上相应的下标,分别用 γ_x,γ_y,γ_z 来表示。规定当夹角变小时为正,变大时为负,与剪应力的正负号规定相对应。

可以写出该微元体的几何方程,用来描述应变分量与位移分量之间的关系:

$$\left. \begin{aligned} \varepsilon_x &= \frac{\partial u}{\partial x} \\[4pt] \varepsilon_y &= \frac{\partial v}{\partial y} \\[4pt] \varepsilon_z &= \frac{\partial w}{\partial z} \\[4pt] \gamma_{xy} &= \frac{\partial u}{\partial y} + \frac{\partial v}{\partial x} \\[4pt] \gamma_{yz} &= \frac{\partial v}{\partial z} + \frac{\partial w}{\partial y} \\[4pt] \gamma_{zx} &= \frac{\partial w}{\partial x} + \frac{\partial u}{\partial z} \end{aligned} \right\} \tag{4.3}$$

六个应变分量也可以用一个列向量来表示:

$$\boldsymbol{\varepsilon} = \begin{Bmatrix} \varepsilon_x \\ \varepsilon_y \\ \varepsilon_z \\ \gamma_{xy} \\ \gamma_{yz} \\ \gamma_{zx} \end{Bmatrix} = \begin{bmatrix} \dfrac{\partial}{\partial x} & 0 & 0 \\[6pt] 0 & \dfrac{\partial}{\partial y} & 0 \\[6pt] 0 & 0 & \dfrac{\partial}{\partial z} \\[6pt] \dfrac{\partial}{\partial y} & \dfrac{\partial}{\partial x} & 0 \\[6pt] 0 & \dfrac{\partial}{\partial z} & \dfrac{\partial}{\partial y} \\[6pt] \dfrac{\partial}{\partial z} & 0 & \dfrac{\partial}{\partial x} \end{bmatrix} \begin{Bmatrix} u \\ v \\ w \end{Bmatrix} = \boldsymbol{L}_u \tag{4.4}$$

正应变与剪应变是各自独立的。因此,由三个正应力分量与三个剪应力分量引起的一般

情形的应变,可用叠加法求得,这种空间状态的应力应变关系称为广义胡克定律,也叫作弹性方程或物理方程:

$$\left.\begin{array}{l} \varepsilon_x = \dfrac{1}{E}\left[\sigma_x - \nu(\sigma_y + \sigma_z)\right] \\[2mm] \varepsilon_y = \dfrac{1}{E}\left[\sigma_y - \nu(\sigma_x + \sigma_z)\right] \\[2mm] \varepsilon_z = \dfrac{1}{E}\left[\sigma_z - \nu(\sigma_x + \sigma_y)\right] \\[2mm] \gamma_{xy} = \dfrac{1}{G}\tau_{xy} \\[2mm] \gamma_{yz} = \dfrac{1}{G}\tau_{yz} \\[2mm] \gamma_{zx} = \dfrac{1}{G}\tau_{zx} \end{array}\right\} \tag{4.5}$$

该物理方程也可以用矩阵的形式表示如下:

$$\begin{Bmatrix} \sigma_x \\ \sigma_y \\ \sigma_z \\ \tau_{xy} \\ \tau_{yz} \\ \tau_{zx} \end{Bmatrix} = \frac{E(1-\nu)}{(1+\nu)(1-2\nu)} \begin{Bmatrix} 1 & \dfrac{\nu}{1-\nu} & \dfrac{\nu}{1-\nu} & 0 & 0 & 0 \\[2mm] \dfrac{\nu}{1-\nu} & 1 & \dfrac{\nu}{1-\nu} & 0 & 0 & 0 \\[2mm] \dfrac{\nu}{1-\nu} & \dfrac{\nu}{1-\nu} & 1 & 0 & 0 & 0 \\[2mm] 0 & 0 & 0 & \dfrac{1-2\nu}{2(1-\nu)} & 0 & 0 \\[2mm] 0 & 0 & 0 & 0 & \dfrac{1-2\nu}{2(1-\nu)} & 0 \\[2mm] 0 & 0 & 0 & 0 & 0 & \dfrac{1-2\nu}{2(1-\nu)} \end{Bmatrix} \begin{Bmatrix} \varepsilon_x \\ \varepsilon_y \\ \varepsilon_z \\ \gamma_{xy} \\ \gamma_{yz} \\ \gamma_{zx} \end{Bmatrix} \tag{4.6}$$

也可简写为

$$\boldsymbol{\sigma} = \boldsymbol{D}\boldsymbol{\varepsilon} \tag{4.7}$$

式中:$\boldsymbol{D}$ 称为弹性矩阵,它完全决定于弹性常数 E 和 ν。弹性矩阵表达式为

$$\boldsymbol{D} = \frac{E(1-\nu)}{(1+\nu)(1-2\nu)} \begin{Bmatrix} 1 & \dfrac{\nu}{1-\nu} & \dfrac{\nu}{1-\nu} & 0 & 0 & 0 \\[2mm] \dfrac{\nu}{1-\nu} & 1 & \dfrac{\nu}{1-\nu} & 0 & 0 & 0 \\[2mm] \dfrac{\nu}{1-\nu} & \dfrac{\nu}{1-\nu} & 1 & 0 & 0 & 0 \\[2mm] 0 & 0 & 0 & \dfrac{1-2\nu}{2(1-\nu)} & 0 & 0 \\[2mm] 0 & 0 & 0 & 0 & \dfrac{1-2\nu}{2(1-\nu)} & 0 \\[2mm] 0 & 0 & 0 & 0 & 0 & \dfrac{1-2\nu}{2(1-\nu)} \end{Bmatrix} \tag{4.8}$$

正如第 4.1 节所述,有限元计算的理论基础是变分原理。弹性力学的基本方程和相应的边界条件把弹性力学问题归结为在给定边界条件下求解偏微分方程的边值问题。自从弹性力学出现以来,人们用各种偏微分方程的解法求得了许多弹性力学问题的解析解。然而,随着工业技术的发展,工程结构的形状也越来越复杂,很多问题得不到解析解,因而需求助于数值解,而变分原理是许多数值解的基础。弹性力学问题在数学上就是空间连续场的确定问题。变分法就是把它归结为一个泛函变分的极值问题或驻值问题。

讨论一个连续介质问题的"变分原理",首先要建立一个标量泛函 Π,它由积分形式确定:

$$\Pi = \int_{\Omega} F\left(u, \frac{\partial u}{\partial x}, \cdots\right) \mathrm{d}\Omega + \int_{\Gamma} E\left(u, \frac{\partial u}{\partial x}, \cdots\right) \mathrm{d}\Gamma \qquad (4.9)$$

式中:u 是未知函数;F 和 E 是特定的算子;Ω 是求解域;Γ 是 Ω 的边界;Π 称为未知函数 u 的泛函,随函数 u 的变化而变化。连续介质问题的解 u 使泛函 Π 对于微小的变化 δu 取驻值,即泛函的"变分"等于零,即 $\delta\Pi = 0$,这种求得连续介质问题解答的方法称为变分原理或变分法。变分原理与微分方程和边界条件是两种等价的表达形式,一方面满足微分方程及边界条件的函数将使泛函取极值或驻值,另一方面从变分的角度来看,使泛函取极值或驻值的函数正是满足问题的控制微分方程和边界条件的解答。

下面阐述采用虚功原理和最小势能原理求解泛函驻值问题的基本思想。首先可将弹性结构的系统总势能写成如下形式:

$$\Pi = \int_{\Omega} \left(\frac{1}{2}\boldsymbol{\varepsilon}^{\top}\boldsymbol{\sigma} - \boldsymbol{u}^{\top}\boldsymbol{F}\right) \mathrm{d}\Omega - \int_{\Gamma} \boldsymbol{u}^{\top}\boldsymbol{T}\mathrm{d}\Gamma \qquad (4.10)$$

将虚功原理用于弹性变形时,总功 W 要包括外力功(T)和内力功(U)两部分,即 $W = T - U$;内力功($-U$)前面有一负号,是由于弹性体在变形过程中,内力是克服变形而产生的,所有内力的方向总是与变形的方向相反,所以内力功取负值。根据虚功原理,总功等于零,可得 $T - U = 0$,即外力虚功 $T = $ 内力虚功 U。弹性力学中的虚功原理可表达为:在外力作用下处于平衡状态的弹性体,如果发生了虚位移,那么所有的外力在虚位移上的虚功等于整个弹性体内应力在虚应变上的虚功,即

$$\int_{\Omega} (\delta\boldsymbol{\varepsilon}^{\top}\boldsymbol{\sigma} - \delta\boldsymbol{u}^{\top}\boldsymbol{F})\mathrm{d}\Omega - \int_{\Gamma} \delta\boldsymbol{u}^{\top}\boldsymbol{T}\mathrm{d}\Gamma = 0 \qquad (4.11)$$

最小势能原理要求系统总势能式(4.10)的变分为零,即在所有区域内满足几何关系,在边界上满足给定位移条件的可能位移中,真实位移使系统的总势能取驻值(可证明此驻值为最小值):

$$\delta\Pi_p = \delta\left[\int_{\Omega} \left(\frac{1}{2}\boldsymbol{\varepsilon}^{\top}\boldsymbol{\sigma} - \boldsymbol{u}^{\top}\boldsymbol{F}\right) \mathrm{d}\Omega - \int_{\Gamma} \boldsymbol{u}^{\top}\boldsymbol{T}\mathrm{d}\Gamma\right] = 0 \qquad (4.12)$$

通过观察可知,虚功原理和最小势能原理在本质上是一致的,都可获得结构的平衡方程。

上述准备工作完成后,就可以给出有限单元法中结构平衡方程的建立过程。首先,将单元的位移函数 u 用节点位移 $\boldsymbol{u}^e$ 和相应的插值函数 $\boldsymbol{N}$ 来表示:

$$\boldsymbol{u} = \boldsymbol{N}\boldsymbol{u}^e \qquad (4.13)$$

单元内的应变和应力可分别写成

$$\boldsymbol{\varepsilon} = \boldsymbol{B}\boldsymbol{u}^e \qquad (4.14)$$

$$\boldsymbol{\sigma} = \boldsymbol{D}\boldsymbol{\varepsilon} = \boldsymbol{D}\boldsymbol{B}\boldsymbol{u}^e = \boldsymbol{S}\boldsymbol{u}^e \qquad (4.15)$$

将位移、应力和应变代入势能泛函[式(4.10)]有

$$\Pi = \frac{1}{2} \boldsymbol{u}^{\mathrm{eT}} \int_{\Omega} \boldsymbol{B}^{\mathrm{T}} \boldsymbol{D} \boldsymbol{B} \, \mathrm{d}\Omega \boldsymbol{u}^{\mathrm{e}} - \boldsymbol{u}^{\mathrm{eT}} \int_{\Omega} \boldsymbol{N}^{\mathrm{T}} \boldsymbol{F} \, \mathrm{d}\Omega - \boldsymbol{u}^{\mathrm{eT}} \int_{\Gamma} \boldsymbol{N}^{\mathrm{T}} \boldsymbol{T} \, \mathrm{d}\Gamma \tag{4.16}$$

根据最小势能原理,势能泛函取驻值的必要条件为

$$\frac{\partial \Pi}{\partial \boldsymbol{u}^{\mathrm{e}}} = \int_{\Omega} \boldsymbol{B}^{\mathrm{T}} \boldsymbol{D} \boldsymbol{B} \, \mathrm{d}\Omega \boldsymbol{u}^{\mathrm{e}} - \int_{\Omega} \boldsymbol{N}^{\mathrm{T}} \boldsymbol{F} \, \mathrm{d}\Omega - \int_{\Gamma} \boldsymbol{N}^{\mathrm{T}} \boldsymbol{T} \, \mathrm{d}\Gamma = 0 \tag{4.17}$$

式(4.17)可写成

$$\boldsymbol{K}^{\mathrm{e}} \boldsymbol{u}^{\mathrm{e}} = \boldsymbol{f}^{\mathrm{e}} \tag{4.18}$$

其中:单元刚度矩阵为

$$\boldsymbol{K}^{\mathrm{e}} = \int_{\Omega} \boldsymbol{B}^{\mathrm{T}} \boldsymbol{D} \boldsymbol{B} \, \mathrm{d}\Omega \tag{4.19}$$

单元等效节点力向量为

$$\boldsymbol{f}^{\mathrm{e}} = \boldsymbol{f}_{\mathrm{v}}^{\mathrm{e}} + \boldsymbol{f}_{\mathrm{s}}^{\mathrm{e}} \tag{4.20}$$

式(4.19)中,单元体积力等效节点力为

$$\boldsymbol{f}_{\mathrm{v}}^{\mathrm{e}} = \int_{\Omega} \boldsymbol{N}^{\mathrm{T}} \boldsymbol{F} \, \mathrm{d}\Omega \tag{4.21}$$

单元面力等效节点力为

$$\boldsymbol{f}_{\mathrm{s}}^{\mathrm{e}} = \int_{\Gamma} \boldsymbol{N}^{\mathrm{T}} \boldsymbol{T} \, \mathrm{d}\Gamma \tag{4.22}$$

集合所有单元的平衡方程,即可建立整个结构的平衡方程:

$$\boldsymbol{K} \boldsymbol{u} = \boldsymbol{f} \tag{4.23}$$

通过上面的描述可以看出,建立结构平衡方程的关键是形成单元的刚度矩阵,其中单元设计是有限元方法的核心环节,也是决定结构有限元分析精度的关键。针对稳定性分析中经常用到的杆、梁、板单元,下面将重点给出单元刚度矩阵的详细推导过程,使分析设计人员对单元设计有一定的了解,从而在结构有限元分析中更为合理地选用单元。

4.3.2　杆单元设计

1. 一维水平杆单元的刚度矩阵

实际工程中的杆单元仅能承受沿杆轴向的拉压载荷作用,故只发生轴向的拉伸或压缩变形,其本质上是一个一维问题,先推导一维杆单元的刚度矩阵。如图 4.9 所示,杆单元有两个节点 ① 和 ②,其轴向定义为 x。

图 4.9　一维水平杆单元

假设杆单元的长度为 L_{e},截面积为 A_{e},材料弹性模量为 E。在单元局部坐标系内,每个节点仅含 1 个沿轴向自由度 u,故杆单元的节点位移向量为

$$\boldsymbol{q}_{\mathrm{e}} = \{u_1 \quad u_2\}^{\mathrm{T}} \tag{4.24}$$

可用多项式来描述杆单元上的位移场 u,且该多项式为 x 的函数。由于杆单元仅含 u_1,u_2 两个未知量,因此可选用一次多项式,即

$$u(x) = m_0 + m_1 x \tag{4.25}$$

将式(4.25)代入下列已知条件：

$$\left.\begin{array}{l} x=0, u(x=0)=u_1 \\ x=L_e, u(x=L_e)=u_2 \end{array}\right\} \quad (4.26)$$

即可得到位移场多项式系数

$$\left.\begin{array}{l} m_0=u_1 \\ m_1=\dfrac{1}{L_e}(u_2-u_1) \end{array}\right\} \quad (4.27)$$

再重新代入位移场函数式(4.25)，整理后可得

$$u(x)=\left\{1-\dfrac{x}{L_e} \quad \dfrac{x}{L_e}\right\}\left\{\begin{array}{l} u_1 \\ u_2 \end{array}\right\} \quad (4.28)$$

依据几何关系，可知杆单元的轴向应变为

$$\varepsilon_x=\dfrac{\partial u(x)}{\partial x}=\dfrac{1}{L_e}\{-1 \quad 1\}\left\{\begin{array}{l} u_1 \\ u_2 \end{array}\right\}=\boldsymbol{B}\boldsymbol{q}_e \quad (4.29)$$

式(4.29)中应变与节点位移之间的关系矩阵 $\boldsymbol{B}$ 为几何矩阵：

$$\boldsymbol{B}=\dfrac{1}{L_e}\{-1 \quad 1\} \quad (4.30)$$

根据虚功原理，弹性体受力平衡时，作用在其上的虚位移应当等于弹性体内的虚应变能，即

$$\int_v \delta\boldsymbol{\varepsilon}^{\mathrm{T}}\boldsymbol{\sigma}=\delta\boldsymbol{q}_e^{\mathrm{T}}\boldsymbol{f} \quad (4.31)$$

针对杆单元，可将式(4.31)左端项，即虚应变能进一步写成

$$\int_v \delta\boldsymbol{\varepsilon}^{\mathrm{T}}\boldsymbol{\sigma}=\int_v \delta\boldsymbol{q}_e^{\mathrm{T}}\boldsymbol{B}^{\mathrm{T}}E\boldsymbol{B}\boldsymbol{q}_e\mathrm{d}v=\delta\boldsymbol{q}_e^{\mathrm{T}}\left(\int_0^{L_e}\boldsymbol{B}^{\mathrm{T}}EA_e\boldsymbol{B}\mathrm{d}x\right)\boldsymbol{q}_e=\delta\boldsymbol{q}_e^{\mathrm{T}}(\boldsymbol{B}^{\mathrm{T}}EA_eL_e\boldsymbol{B})\boldsymbol{q}_e \quad (4.32)$$

这样一来，单元平衡方程可写成

$$(\boldsymbol{B}^{\mathrm{T}}EA_eL_e\boldsymbol{B})\boldsymbol{q}_e=\boldsymbol{f} \quad (4.33)$$

其中，杆单元的刚度矩阵 $\boldsymbol{K}_e$ 为

$$\boldsymbol{K}_e=\boldsymbol{B}^{\mathrm{T}}EA_eL_e\boldsymbol{B}=\dfrac{EA_e}{L_e}\begin{bmatrix} 1 & -1 \\ -1 & 1 \end{bmatrix} \quad (4.34)$$

2. 二维倾斜杆单元的刚度矩阵

对于实际问题而言，节点 a 和 b 处除了有水平位移外，还可能产生垂直位移。这样一来，一维杆就变成了二维杆。但由于垂直位移不会使杆发生变形，即对杆内力没有影响，因此可以把水平杆单元的刚度矩阵简单扩展为四阶形式，并在与垂直位移相关的元素上置零即可：

$$\boldsymbol{K}_e=\dfrac{EA_e}{L_e}\begin{bmatrix} 1 & 0 & -1 & 0 \\ 0 & 0 & 0 & 0 \\ -1 & 0 & 1 & 0 \\ 0 & 0 & 0 & 0 \end{bmatrix} \quad (4.35)$$

若将上述的二维水平杆单元在平面内倾斜一定的角度，如图 4.10 所示，则其在总体坐标系下的刚度需要进行坐标变换处理，具体步骤为

参考图4.10,假设二维倾斜杆单元与总体坐标系$(x-y)$下 x 轴的夹角为θ,单元在局部坐标系$(x-y)$下的节点 i 的位移为

$$\boldsymbol{q}' = \{u_i' \quad v_i'\} \ , \ i = 1,2 \tag{4.36}$$

单元在总体坐标系下的节点 i 的位移为

$$\boldsymbol{q} = \{u_i \quad v_i\} \ , \ i = 1,2 \tag{4.37}$$

式(4.36)和式(4.37)中各物理量的下标$i=1,2$表示杆单元的两个节点。由几何关系可知,节点 i 在局部和总体坐标系下的位移之间存在如下的坐标变换:

$$\begin{Bmatrix} u_i' \\ v_i' \end{Bmatrix} = \begin{bmatrix} \cos\theta & \sin\theta \\ -\sin\theta & \cos\theta \end{bmatrix} \begin{Bmatrix} u_i \\ v_i \end{Bmatrix} \tag{4.38}$$

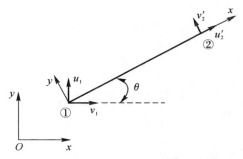

图 4.10　二维倾斜杆单元

杆单元节点位移的坐标变换可通过将式(4.38)扩阶得到,即

$$\begin{Bmatrix} u_1' \\ v_1' \\ u_2' \\ v_2' \end{Bmatrix} = \begin{bmatrix} \cos\theta & \sin\theta & 0 & 0 \\ -\sin\theta & \cos\theta & 0 & 0 \\ 0 & 0 & \cos\theta & \sin\theta \\ 0 & 0 & -\sin\theta & \cos\theta \end{bmatrix} \begin{Bmatrix} u_1 \\ v_1 \\ u_2 \\ v_2 \end{Bmatrix} \tag{4.39}$$

在式(4.39)中,若记

$$\boldsymbol{T} = \begin{bmatrix} \cos\theta & \sin\theta & 0 & 0 \\ -\sin\theta & \cos\theta & 0 & 0 \\ 0 & 0 & \cos\theta & \sin\theta \\ 0 & 0 & -\sin\theta & \cos\theta \end{bmatrix} \tag{4.40}$$

则可写成矩阵形式

$$\boldsymbol{q}' = \boldsymbol{Tq} \tag{4.41}$$

相应的单元节点力也存在上述的坐标变换关系,即

$$\boldsymbol{f}' = \boldsymbol{Tf} \tag{4.42}$$

在局部坐标系下,杆单元的平衡方程可写为

$$\boldsymbol{K}'\boldsymbol{q}' = \boldsymbol{f}' \tag{4.43}$$

将式(4.41)和式(4.42)分别代入式(4.43)的左右两端,得

$$\boldsymbol{K}'\boldsymbol{Tq} = \boldsymbol{Tf} \tag{4.44}$$

由于 $\boldsymbol{T}$ 是正交矩阵,因此式(4.44)可写成

$$\boldsymbol{T}^{\mathrm{T}}\boldsymbol{K}'\boldsymbol{Tq} = \boldsymbol{f} \tag{4.45}$$

则在总体坐标系下杆单元的刚度矩阵为

$$K = T^{\mathrm{T}} K' T \tag{4.46}$$

4.3.3 梁单元设计

这里考虑忽略横向剪切变形的 Euler 梁单元,如图 4.11 所示。梁单元节点轴向自由度 u 所引起的刚度矩阵部分与 4.3.2 节中杆单元刚度的推导过程完全一致,因此下述仅介绍梁单元面外自由度所引起的刚度矩阵部分。

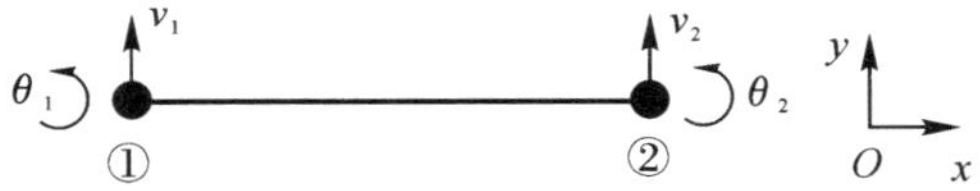

图 4.11 梁单元

两节点梁单元的节点位移向量为

$$\boldsymbol{q}_{\mathrm{e}} = \{v_1 \quad \theta_1 \quad v_2 \quad \theta_2\}^{\mathrm{T}} \tag{4.47}$$

式中:v_1, v_2 分别为两个节点处的挠度位移;θ_1, θ_2 分别为两个节点处的转动位移。梁单元的节点力向量为

$$\boldsymbol{F}_{\mathrm{e}} = \{V_1 \quad M_1 \quad V_2 \quad M_2\}^{\mathrm{T}} \tag{4.48}$$

式中:V_1, V_2 分别为两个节点处的剪力;M_1, M_2 分别为两个节点处的弯矩。

1. 单元位移场

该梁单元有 2 个节点,每个节点有 2 个自由度,一共有 4 个自由度,因此可以选用三次多项式来假设其挠度场函数,即

$$v = a_0 + a_1 x + a_2 x^2 + a_3 x^3 \tag{4.49}$$

由材料力学的知识可知,梁的挠度和转角之间存在如下关系:

$$\theta = \frac{\mathrm{d}v}{\mathrm{d}x} = a_1 + 2a_2 x + 3a_3 x^2 \tag{4.50}$$

将两个节点处的 4 个自由度(位移)条件代入上面的挠度和转角表达式中,即可获得单元位移场函数中的待定系数值:

$$\begin{Bmatrix} a_0 \\ a_1 \\ a_2 \\ a_3 \end{Bmatrix} = \begin{bmatrix} 1 & 0 & 0 & 0 \\ 0 & 1 & 0 & 0 \\ -\dfrac{3}{l^2} & -\dfrac{2}{l} & \dfrac{3}{l^2} & -\dfrac{1}{l} \\ \dfrac{2}{l^3} & \dfrac{1}{l^2} & -\dfrac{2}{l^3} & \dfrac{1}{l^2} \end{bmatrix} \begin{Bmatrix} v_1 \\ \theta_1 \\ v_2 \\ \theta_2 \end{Bmatrix} \tag{4.51}$$

再将式(4.51)回代到挠度场函数的表达式(4.49)中,可得

$$\boldsymbol{v} = \begin{bmatrix} 1 & x & x^2 & x^3 \end{bmatrix} \begin{bmatrix} 1 & 0 & 0 & 0 \\ 0 & 1 & 0 & 0 \\ -\dfrac{3}{l^2} & -\dfrac{2}{l} & \dfrac{3}{l^2} & -\dfrac{1}{l} \\ \dfrac{2}{l^3} & \dfrac{1}{l^2} & -\dfrac{2}{l^3} & \dfrac{1}{l^2} \end{bmatrix} \begin{Bmatrix} v_1 \\ \theta_1 \\ v_2 \\ \theta_2 \end{Bmatrix} = \boldsymbol{N}\boldsymbol{q}_{\mathrm{e}} \tag{4.52}$$

其中,梁单元的形状函数 $\boldsymbol{N}$ 为

$$\boldsymbol{N} = \left[1 - \frac{3x^2}{l^2} + \frac{2x^3}{l^3} \quad x\left(1 - \frac{2x}{l} + \frac{x^2}{l^2}\right) \quad \frac{3x^2}{l^2} - \frac{2x^3}{l^3} \quad x\left(\frac{x^2}{l^2} - \frac{x}{l}\right) \right] \tag{4.53}$$

2. 单元应力、应变

当梁弯曲变形时,若忽略剪切变形的影响,其轴向位移和挠度之间存在如下关系:

$$u = -y\frac{\mathrm{d}v}{\mathrm{d}x} = -y\theta \tag{4.54}$$

式中:θ 是梁单元的转角。将式(4.54)代入位移-应变关系式中,即可得到梁单元的几何方程:

$$\varepsilon_x = \frac{\mathrm{d}u}{\mathrm{d}x} = -y\frac{\mathrm{d}^2v}{\mathrm{d}x^2} = -y\kappa \tag{4.55}$$

式中:κ 是梁单元的曲率。

将挠度场公式(4.52)代入式(4.55),可得到节点位移表示的单元应变:

$$\varepsilon_x = -y\left[-\frac{6}{l^2} + \frac{12x}{l^3} \quad -\frac{4}{l} + \frac{6x}{l^2} \quad \frac{6}{l^2} - \frac{12x}{l^3} \quad -\frac{2}{l} + \frac{6x}{l^2} \right]\boldsymbol{q}_\mathrm{e} \tag{4.56}$$

可将式(4.56)进一步写成

$$\varepsilon_x = \begin{bmatrix} B_1 & B_2 & B_3 & B_4 \end{bmatrix}\boldsymbol{q}_\mathrm{e} = \boldsymbol{B}\boldsymbol{q}_\mathrm{e} \tag{4.57}$$

式中:$\boldsymbol{B}$ 为梁单元几何矩阵。

由于该梁单元是单轴应力状态,故其单元应力为

$$\sigma_x = E\varepsilon_x = E\boldsymbol{B}\boldsymbol{q}_\mathrm{e} \tag{4.58}$$

3. 单元刚度矩阵

与杆单元刚度矩阵的推导过程类似,梁单元刚度矩阵可由虚功原理获得

$$\boldsymbol{K}_\mathrm{e} = \iiint_v \boldsymbol{B}^\mathrm{T}\boldsymbol{D}\boldsymbol{B}\,\mathrm{d}x\,\mathrm{d}y\,\mathrm{d}z \tag{4.59}$$

式中:材料矩阵 $\boldsymbol{D} = E$。

将几何矩阵 $\boldsymbol{B}$ 的表达式(4.57)代入式(4.59),并考虑梁截面矩 $\iint y^2\,\mathrm{d}y\,\mathrm{d}z = I$,可得梁单元刚度矩阵的最终表达式为

$$\boldsymbol{K}_\mathrm{e} = \frac{EI}{l^3}\begin{bmatrix} 12 & -6l & -12 & -6l \\ -6l & 4l^2 & 6l & 2l^2 \\ -12 & 6l & 12 & 6l \\ -6l & 2l^2 & 6l & 4l^2 \end{bmatrix} \tag{4.60}$$

4.3.4 板弯单元设计

1. 基于 Kirchoff 假设的经典薄板理论

这里介绍的板弯单元是基于 Kirchoff 假设提出的,该假设认为:

(1)变形前垂直于中性面的直线,变形后仍然保持为直线,且长度不变并垂直于变形后的中性面,即应变分量 ε_z,γ_{xz},γ_{yz} 为零;

(2)垂直于中性面的正应力分量 σ_z 和其他应力分量比较起来可以忽略不计,即 $\sigma_z = 0$。

需注意,经典薄板理论认为转角 $\theta_x = \partial w/\partial x$,$\theta_y = \partial w/\partial y$,而剪切变形板理论认为它们是

不相等的。

板单元的位移场 u, v, w 可写成如下形式：

$$\left.\begin{aligned} u(x,y,z) &= u_0(x,y) - z\frac{\partial w}{\partial x} \\ v(x,y,z) &= v_0(x,y) - z\frac{\partial w}{\partial y} \\ w &= w_0(x,y) \end{aligned}\right\} \tag{4.61}$$

式中：u_0, v_0, w_0 为板的中面位移。

由几何方程可知板单元的应变为

$$\left.\begin{aligned} \varepsilon_x &= \frac{\partial u}{\partial x} = \frac{\partial u_0}{\partial x} - z\frac{\partial^2 w}{\partial x^2} \\ \varepsilon_y &= \frac{\partial v}{\partial y} = \frac{\partial v_0}{\partial y} - z\frac{\partial^2 w}{\partial y^2} \\ \gamma_{xy} &= \frac{\partial u_0}{\partial y} + \frac{\partial v_0}{\partial x} - 2z\frac{\partial^2 w}{\partial x\partial y} \end{aligned}\right\} \tag{4.62}$$

假设该应变由面内和面外两部分组成，即

$$\boldsymbol{\varepsilon} = \boldsymbol{\varepsilon}_m + z\boldsymbol{\kappa} \tag{4.63}$$

其中，面内部分：

$$\boldsymbol{\varepsilon}_m = \left\langle \frac{\partial u_0}{\partial x} \quad \frac{\partial v_0}{\partial y} \quad \frac{\partial u_0}{\partial y} + \frac{\partial v_0}{\partial x} \right\rangle^T \tag{4.64}$$

面外部分中的曲率

$$\boldsymbol{\kappa} = \left\langle -\frac{\partial^2 w}{\partial x^2} \quad -\frac{\partial^2 w}{\partial y^2} \quad -2\frac{\partial^2 w}{\partial x\partial y} \right\rangle^T \tag{4.65}$$

板弯单元的本构关系可以写为

$$\begin{Bmatrix} \boldsymbol{N} \\ \boldsymbol{M} \end{Bmatrix} = \begin{bmatrix} \boldsymbol{A} & \boldsymbol{B} \\ \boldsymbol{B} & \boldsymbol{D} \end{bmatrix} \begin{Bmatrix} \boldsymbol{\varepsilon}^m \\ \boldsymbol{\kappa} \end{Bmatrix} \tag{4.66}$$

式中：N 和 M 分别是单元的面内力和面外弯矩向量；矩阵 A, B, D 分别表示板单元的面内刚度项、面内/外刚度耦合项以及面外弯曲刚度项。

2. 板弯单元的构造过程

假设四节点板弯单元如图 4.12 所示，其形状为标准矩形，单元长度为 a，宽度为 b。不考虑板的面内变形，只推导其面外挠度变形所引起的刚度矩阵部分[4]。

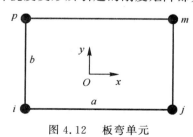

图 4.12　板弯单元

对四节点矩形板弯单元，令每个节点的位移为（下标 n 表示 i, j, m, p 四个节点中任一点）

$$q_n = \begin{Bmatrix} w \\ \dfrac{\partial w}{\partial x} \\ \dfrac{\partial w}{\partial y} \end{Bmatrix}_n = \begin{Bmatrix} w_n \\ -\theta_{yn} \\ \theta_{xn} \end{Bmatrix} \quad n = i, j, m, p \tag{4.67}$$

需注意式(4.67)中转动自由度表达式的对应关系为 $\theta_{xn} = \dfrac{\partial w}{\partial y}$，$\theta_{yn} = -\dfrac{\partial w}{\partial x}$。

与节点位移相对应,板单元每个节点上的节点力为

$$F_n = \begin{Bmatrix} f_n \\ M_{yn} \\ -M_{xn} \end{Bmatrix} \tag{4.68}$$

单元的节点位移和节点力向量可分别写成

$$q^e = \{q_i \quad q_j \quad q_m \quad q_p\}^T \tag{4.69}$$

$$F^e = \{F_i \quad F_j \quad F_m \quad F_p\}^T \tag{4.70}$$

(1) 挠度函数的构造。由于每个节点有 3 个自由度,1 个单元共 4 个节点即总共 12 个自由度,因此用来表达挠度函数的插值位移函数可含有 12 个参数。为了方便选取积分域,将原先在 $[x, y] \in [(x_i, x_i + a), (y_i, y_i + b)]$ 坐标系上的矩型单元(长 a、宽 b)转换到 $[\xi, \eta] \in [(-1, 1), (-1, 1)]$ 的坐标系中,其中 (x_i, y_i) 为矩形单元左下角处 节点 i 的坐标。

上述两个坐标系之间的转换关系为

$$\left. \begin{aligned} \xi &= \frac{2}{a}x - \left(1 + \frac{2}{a}\right)\bar{x} \\ \eta &= \frac{2}{b}y - \left(1 + \frac{2}{b}\right)\bar{y} \end{aligned} \right\} \tag{4.71}$$

可以在单元的 $[\xi, \eta]$ 坐标系上选取不完全的四次多项式来描述单元的挠度位移场,即

$$\begin{aligned} w(\xi, \eta) &= a_1 + a_2\xi + a_3\eta + a_4\xi\eta + a_5\xi^2 + a_6\eta^2 + a_7\xi^3 + a_8\eta^3 + a_9\xi^2\eta + a_{10}\xi\eta^2 + \\ &\quad a_{11}\xi^3\eta + a_{12}\xi\eta^3 \end{aligned} \tag{4.72}$$

然后将单元节点的 12 个自由度分别代入式(4.72)即可得到 12 个方程,联立求解可获得式(4.72)中的 12 个多项式系数 $(a_1, a_2, \cdots, a_{12})$。该求解过程较为烦琐且得到的系数表达式比较复杂,这里不再累述。

为简化表达,可将这 12 个方程写成矩阵形式,即

$$\boldsymbol{\delta}^e = \boldsymbol{Ca} \tag{4.73}$$

式中:系数矩阵 $\boldsymbol{C}$ 是取决于单元节点坐标值的 (12×12) 阶矩阵,显然为满秩矩阵(不同单元的 $\boldsymbol{C}$ 矩阵也不相同。将式(4.73)再重新代入挠度 w 的表达式(4.72)可得

$$\begin{aligned} w(\xi, \eta) &= [1, \xi, \eta, \xi\eta, \xi^2, \eta^2, \xi^3, \eta^3, \xi^2\eta, \xi\eta^2, \xi^3\eta, \xi\eta^3]\boldsymbol{C}^{-1}\boldsymbol{q}^e \\ &= \boldsymbol{N}_{(\xi, \eta)}\boldsymbol{q}^e \end{aligned} \tag{4.74}$$

式中:$\boldsymbol{N}_{(\xi, \eta)}$ 为关于 ξ、η 的函数,也称为单元形函数或基函数。

单元的形函数 $\boldsymbol{N}_{(\xi, \eta)}$ 可写成如下形式:

$$\boldsymbol{N}_{(\xi, \eta)} = [N_i, N_{\xi i}, N_{\eta i}, N_j, N_{\xi j}, N_{\eta j}, N_m, N_{\xi m}, N_{\eta m}, N_p, N_{\xi p}, N_{\eta p}] \tag{4.75}$$

(2) 几何矩阵推导。对板弯单元,其应变–位移表达式为

$$\boldsymbol{\varepsilon} = \{\varepsilon_x \quad \varepsilon_y \quad \gamma_{xy}\}^{\mathrm{T}} = \left\{ -z\frac{\partial^2 w}{\partial x^2} \quad -z\frac{\partial^2 w}{\partial y^2} \quad -2z\frac{\partial^2 w}{\partial x \partial y} \right\}^{\mathrm{T}} \tag{4.76}$$

其中曲率为

$$\boldsymbol{\chi} = \left\{ -\frac{\partial^2 w}{\partial x^2} \quad -\frac{\partial^2 w}{\partial y^2} \quad -2\frac{\partial^2 w}{\partial x \partial y} \right\}^{\mathrm{T}} \tag{4.77}$$

将挠度表达式(4.74)代入曲率表达式(4.77)可得

$$\boldsymbol{\chi} = \left\{ \begin{array}{c} -\dfrac{\partial^2 w}{\partial x^2} \\[2mm] -\dfrac{\partial^2 w}{\partial y^2} \\[2mm] -2\dfrac{\partial^2 w}{\partial x \partial y} \end{array} \right\} = \left[\begin{array}{ccccc} \dfrac{\partial^2 N_i}{\partial x^2} & \dfrac{\partial^2 N_{\xi i}}{\partial x^2} & \dfrac{\partial^2 N_{\eta i}}{\partial x^2} & \cdots & \dfrac{\partial^2 N_{\eta m}}{\partial x^2} \\[2mm] \dfrac{\partial^2 N_i}{\partial y^2} & \dfrac{\partial^2 N_{\xi i}}{\partial y^2} & \dfrac{\partial^2 N_{\eta i}}{\partial y^2} & \cdots & \dfrac{\partial^2 N_{\eta m}}{\partial y^2} \\[2mm] 2\dfrac{\partial^2 N_i}{\partial x \partial y} & 2\dfrac{\partial^2 N_{\xi i}}{\partial x \partial y} & 2\dfrac{\partial^2 N_{\eta i}}{\partial x \partial y} & \cdots & 2\dfrac{\partial^2 N_{\eta m}}{\partial x \partial y} \end{array} \right] \boldsymbol{q}^e \tag{4.78}$$

其中,表述应变与位移关系的几何矩阵 $\boldsymbol{B}$ 为

$$\boldsymbol{B}_{(\xi,\eta)} = -z \left[\begin{array}{ccccc} \dfrac{\partial^2 N_i}{\partial x^2} & \dfrac{\partial^2 N_{\xi i}}{\partial x^2} & \dfrac{\partial^2 N_{\eta i}}{\partial x^2} & \cdots & \dfrac{\partial^2 N_{\eta m}}{\partial x^2} \\[2mm] \dfrac{\partial^2 N_i}{\partial y^2} & \dfrac{\partial^2 N_{\xi i}}{\partial y^2} & \dfrac{\partial^2 N_{\eta i}}{\partial y^2} & \cdots & \dfrac{\partial^2 N_{\eta m}}{\partial y^2} \\[2mm] 2\dfrac{\partial^2 N_i}{\partial x \partial y} & 2\dfrac{\partial^2 N_{\xi i}}{\partial x \partial y} & 2\dfrac{\partial^2 N_{\eta i}}{\partial x \partial y} & \cdots & 2\dfrac{\partial^2 N_{\eta m}}{\partial x \partial y} \end{array} \right] \tag{4.79}$$

式(4.79)中的二阶偏导数计算可采用如下的复合函数求导法则:

$$\frac{\partial N_n}{\partial x} = \frac{\partial N_n}{\partial \xi}\frac{\partial \xi}{\partial x} + \frac{\partial N_n}{\partial \eta}\frac{\partial \eta}{\partial x} \tag{4.80}$$

由此可见,几何矩阵 $\boldsymbol{B}$ 实际上是 ξ, η 的函数。

(3)单元刚度矩阵。由虚功原理的基本概念,即外力对弹性体所作的虚功等于弹性体由此所产生的虚应变能,可得

$$(\delta \boldsymbol{q}^e)^{\mathrm{T}} \boldsymbol{F}^e = \iiint_v (\delta \boldsymbol{\varepsilon})^{\mathrm{T}} \boldsymbol{\sigma} \, \mathrm{d}V \tag{4.81}$$

式中:左端项为外力所做的虚功;右端项为虚应变能。

单元应变与曲率之间的关系式为

$$\boldsymbol{\varepsilon} = z\boldsymbol{\chi} \tag{4.82}$$

代入单元虚功原理表达式(4.81)可得

$$(\delta \boldsymbol{q}^e)^{\mathrm{T}} \boldsymbol{F}^e = \iiint_v (\delta \boldsymbol{\varepsilon})^{\mathrm{T}} \boldsymbol{\sigma} \, \mathrm{d}V = \iint (\delta \boldsymbol{\chi})^{\mathrm{T}} \left(\int z\boldsymbol{\sigma} \, \mathrm{d}z \right) \mathrm{d}x \, \mathrm{d}y \tag{4.83}$$

由于弯矩 $\boldsymbol{M}$ 可由单元应力计算获得,即

$$\boldsymbol{M} = \int z\boldsymbol{\sigma} \, \mathrm{d}z \tag{4.84}$$

则式(4.81)可进一步写成

$$(\delta \boldsymbol{q}^e)^{\mathrm{T}} \boldsymbol{F}^e = \iint (\delta \boldsymbol{\chi})^{\mathrm{T}} \boldsymbol{M} \, \mathrm{d}x \, \mathrm{d}y \tag{4.85}$$

再将曲率和弯矩的表达式

$$\boldsymbol{\chi} = \boldsymbol{B}\boldsymbol{q}^{\mathrm{e}} \tag{4.86}$$

$$\boldsymbol{M} = \boldsymbol{D}\boldsymbol{\chi} = \boldsymbol{D}\boldsymbol{B}\boldsymbol{q}^{\mathrm{e}} \tag{4.87}$$

代入虚功原理式(4.85)即可得到板弯单元的平衡方程

$$\left(\iint \boldsymbol{B}^{\mathrm{T}} \boldsymbol{D} \boldsymbol{B}\, \mathrm{d}x\, \mathrm{d}y \right) \boldsymbol{q}^{\mathrm{e}} = \boldsymbol{F}^{\mathrm{e}} \tag{4.88}$$

其中,板弯单元的刚度矩阵为

$$\boldsymbol{K} = \iint \boldsymbol{B}^{\mathrm{T}} \boldsymbol{D} \boldsymbol{B}\, \mathrm{d}x\, \mathrm{d}y \tag{4.89}$$

4.4　有限元静力学分析过程

　　结构静力分析是要计算在固定不变的载荷作用下结构的变形效应,该计算过程不考虑惯性和阻尼的影响,如结构外载荷随时间变化的情况。然而,静力分析可以计及那些固定不变的惯性载荷(如重力和离心力)对结构变形的影响,以及那些可以近似等价为静力作用的随时间变化的载荷。 结构静力分析用于计算由那些不包括惯性和阻尼效应的载荷作用于结构或部件上所引起的位移、应力、应变和内力。从物理本质上看,固定不变的载荷和响应只是一种假定情况,即可以假定载荷和结构的响应随时间的变化非常缓慢。静力分析所施加的载荷类型包括外部施加的作用力和压力、稳态的惯性力(如中力和离心力)以及位移载荷等。 除此之外,静力分析的过程既可以是线性的也可以是非线性的,其中非线性静力分析包括所有的非线性类型,常见的有几何非线性(大变形、大转动)及材料非线性(塑性)等。结构线性静力学分析也常被称为结构线性小变形分析,在线性静力学分析中,所使用的材料在加载段内必须处于线弹性状态,即材料的应力与应变成正比。同时还假设在线性静力学分析中,结构的变形很小,即变形量相对结构的整体尺寸很小。

　　采用有限单元法对结构进行线性小变形分析的基本思路是:① 结构的离散化;② 单元分析;③ 整体分析。

　　大体解法步骤如下:① 整理原始数据,进行局部编码和整体编码;② 形成局部坐标系中的单元刚度矩阵;③ 形成整体坐标系中的单元刚度矩阵;④ 用单元集成法形成整体刚度矩阵 $\boldsymbol{K}$;⑤ 求局部坐标下的单元等效节点载荷和整体坐标系下的单元等效节点载荷;⑥ 用单元集成法形成整体结构的等效节点载荷;⑦ 解线性代数方程 $\boldsymbol{K}\boldsymbol{u} = \boldsymbol{P}$,求出节点位移 $\boldsymbol{u}$;⑧ 反求各单元的内力及应力。

　　为了更好地理解上述结构有限元分析过程,用桁架结构算例来详细阐述采用有限元法进行结构静力分析的基本步骤,具体包括:单元刚度矩阵的计算、结构总刚的组装、受力平衡方程的建立、各种边界条件的使用以及最终平衡方程的求解。

　　该桁架结构的基本构型如图 4.13 所示,五根杆的弹性模量 E 和截面积 A 均相等,杆 1-2、2-3 和 3-4 的长度为 L,杆 1-3 和 2-4 的长度为 $\sqrt{2}L$,若在节点 2 处作用一个沿 Y 向的单位载荷,求解该节点处沿 Y 向的位移大小。 该算例的主要分析步骤为:① 计算各杆单元的刚度矩阵;② 组装桁架结构的总刚度矩阵(总刚);③ 施加边界条件;④ 求解桁架结构的平衡方程。具体过程如下。

　　(1)计算各杆单元的刚度矩阵。基于 4.3.2 节中推导得到的杆单元刚度矩阵表达式,依次计算该桁架结构中五根杆的单元刚度矩阵。

针对杆 1（节点 1-2），该杆与整体坐标系 X 轴的夹角 $\theta=0°$，因此其在总体坐标系下的刚度矩阵见下式，并可按节点信息作分块处理：

$$\boldsymbol{K}_{1-2}^1=\frac{EA}{L}\begin{bmatrix}1 & 0 & -1 & 0\\0 & 0 & 0 & 0\\-1 & 0 & 1 & 0\\0 & 0 & 0 & 0\end{bmatrix}=\begin{bmatrix}\boldsymbol{K}_{11}^1 & \boldsymbol{K}_{12}^1\\\boldsymbol{K}_{21}^1 & \boldsymbol{K}_{22}^1\end{bmatrix}\tag{4.90}$$

针对杆 2（节点 2-3），该杆与整体坐标系 X 轴的夹角 $\theta=-90°$，因此其在总体坐标系下的刚度矩阵为

$$\boldsymbol{K}_{2-3}^2=\frac{EA}{L}\begin{bmatrix}0 & 0 & 0 & 0\\0 & 1 & 0 & -1\\0 & 0 & 0 & 0\\0 & -1 & 0 & 1\end{bmatrix}=\begin{bmatrix}\boldsymbol{K}_{22}^2 & \boldsymbol{K}_{23}^2\\\boldsymbol{K}_{32}^2 & \boldsymbol{K}_{33}^2\end{bmatrix}\tag{4.91}$$

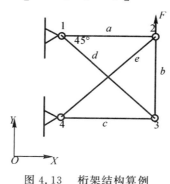

图 4.13　桁架结构算例

针对杆 3（节点 3-4），该杆与整体坐标系 X 轴的夹角 $\theta=-180°$，因此其在总体坐标系下的刚度矩阵为

$$\boldsymbol{K}_{3-4}^3=\frac{EA}{L}\begin{bmatrix}1 & 0 & -1 & 0\\0 & 0 & 0 & 0\\-1 & 0 & 1 & 0\\0 & 0 & 0 & 0\end{bmatrix}=\begin{bmatrix}\boldsymbol{K}_{33}^3 & \boldsymbol{K}_{34}^3\\\boldsymbol{K}_{43}^3 & \boldsymbol{K}_{44}^3\end{bmatrix}\tag{4.92}$$

针对杆 4（节点 1-3），该杆与整体坐标系 X 轴的夹角 $\theta=-45°$，因此其在总体坐标系下的刚度矩阵为

$$\boldsymbol{K}_{1-3}^4=\frac{EA}{L}\begin{bmatrix}\frac{\sqrt{2}}{2} & -\frac{\sqrt{2}}{2} & -\frac{\sqrt{2}}{2} & \frac{\sqrt{2}}{2}\\-\frac{\sqrt{2}}{2} & \frac{\sqrt{2}}{2} & \frac{\sqrt{2}}{2} & -\frac{\sqrt{2}}{2}\\-\frac{\sqrt{2}}{2} & \frac{\sqrt{2}}{2} & \frac{\sqrt{2}}{2} & -\frac{\sqrt{2}}{2}\\\frac{\sqrt{2}}{2} & -\frac{\sqrt{2}}{2} & -\frac{\sqrt{2}}{2} & \frac{\sqrt{2}}{2}\end{bmatrix}=\begin{bmatrix}\boldsymbol{K}_{11}^4 & \boldsymbol{K}_{13}^4\\\boldsymbol{K}_{31}^4 & \boldsymbol{K}_{33}^4\end{bmatrix}\tag{4.93}$$

针对杆 5（节点 2 - 4），该杆与整体坐标系 X 轴的夹角 $\theta = -135°$，因此其在总体坐标系下的刚度矩阵为

$$\boldsymbol{K}_{2-4}^{5} = \frac{EA}{L} \begin{bmatrix} \dfrac{\sqrt{2}}{2} & \dfrac{\sqrt{2}}{2} & -\dfrac{\sqrt{2}}{2} & -\dfrac{\sqrt{2}}{2} \\ \dfrac{\sqrt{2}}{2} & \dfrac{\sqrt{2}}{2} & -\dfrac{\sqrt{2}}{2} & -\dfrac{\sqrt{2}}{2} \\ -\dfrac{\sqrt{2}}{2} & -\dfrac{\sqrt{2}}{2} & \dfrac{\sqrt{2}}{2} & \dfrac{\sqrt{2}}{2} \\ -\dfrac{\sqrt{2}}{2} & -\dfrac{\sqrt{2}}{2} & \dfrac{\sqrt{2}}{2} & \dfrac{\sqrt{2}}{2} \end{bmatrix} = \begin{bmatrix} \boldsymbol{K}_{22}^{5} & \boldsymbol{K}_{24}^{5} \\ \boldsymbol{K}_{42}^{5} & \boldsymbol{K}_{44}^{5} \end{bmatrix} \tag{4.94}$$

（2）组装桁架结构的总刚。桁架结构总的节点数为 4，每个节点有两个自由度，那么结构的总刚应该为一个 8×8 的矩阵，按照相同节点处刚度矩阵叠加原理，可得总刚为

$$\boldsymbol{K} = \frac{EA}{L} \begin{bmatrix} \boldsymbol{K}_{11}^{1} + \boldsymbol{K}_{11}^{4} & \boldsymbol{K}_{12}^{1} & \boldsymbol{K}_{13}^{4} & 0 \\ \boldsymbol{K}_{21}^{1} & \boldsymbol{K}_{22}^{1} + \boldsymbol{K}_{22}^{2} + \boldsymbol{K}_{22}^{5} & \boldsymbol{K}_{23}^{2} & \boldsymbol{K}_{24}^{5} \\ \boldsymbol{K}_{31}^{4} & \boldsymbol{K}_{32}^{2} & \boldsymbol{K}_{33}^{2} + \boldsymbol{K}_{33}^{3} + \boldsymbol{K}_{33}^{4} & \boldsymbol{K}_{34}^{3} \\ 0 & \boldsymbol{K}_{42}^{5} & \boldsymbol{K}_{43}^{3} & \boldsymbol{K}_{44}^{3} + \boldsymbol{K}_{44}^{5} \end{bmatrix} \tag{4.95}$$

将式（4.90）～ 式（4.94）代入式（4.95）可得

$$\boldsymbol{K} = \frac{EA}{L} \begin{bmatrix} 1+\dfrac{\sqrt{2}}{2} & -\dfrac{\sqrt{2}}{2} & -1 & 0 & -\dfrac{\sqrt{2}}{2} & \dfrac{\sqrt{2}}{2} & 0 & 0 \\ -\dfrac{\sqrt{2}}{2} & \dfrac{\sqrt{2}}{2} & 0 & 0 & \dfrac{\sqrt{2}}{2} & -\dfrac{\sqrt{2}}{2} & 0 & 0 \\ -1 & 0 & 1+\dfrac{\sqrt{2}}{2} & \dfrac{\sqrt{2}}{2} & 0 & 0 & -\dfrac{\sqrt{2}}{2} & -\dfrac{\sqrt{2}}{2} \\ 0 & 0 & \dfrac{\sqrt{2}}{2} & 1+\dfrac{\sqrt{2}}{2} & 0 & -1 & -\dfrac{\sqrt{2}}{2} & -\dfrac{\sqrt{2}}{2} \\ -\dfrac{\sqrt{2}}{2} & \dfrac{\sqrt{2}}{2} & 0 & 0 & 1+\dfrac{\sqrt{2}}{2} & -\dfrac{\sqrt{2}}{2} & -1 & 0 \\ \dfrac{\sqrt{2}}{2} & -\dfrac{\sqrt{2}}{2} & 0 & -1 & -\dfrac{\sqrt{2}}{2} & 1+\dfrac{\sqrt{2}}{2} & 0 & 0 \\ 0 & 0 & -\dfrac{\sqrt{2}}{2} & -\dfrac{\sqrt{2}}{2} & -1 & 0 & 1+\dfrac{\sqrt{2}}{2} & \dfrac{\sqrt{2}}{2} \\ 0 & 0 & -\dfrac{\sqrt{2}}{2} & -\dfrac{\sqrt{2}}{2} & 0 & 0 & \dfrac{\sqrt{2}}{2} & \dfrac{\sqrt{2}}{2} \end{bmatrix} \tag{4.96}$$

（3）施加边界条件。桁架结构中节点 1 和节点 4 的两个方向自由度均被约束。对总刚在

相应自由度上的元素进行删行删列（1,2,7,8 行列）操作后，可以得到一个 4×4 阶的刚度矩阵：

$$\boldsymbol{K} = \frac{EA}{L} \begin{bmatrix} 1+\dfrac{\sqrt{2}}{2} & \dfrac{\sqrt{2}}{2} & 0 & 0 \\[2mm] \dfrac{\sqrt{2}}{2} & 1+\dfrac{\sqrt{2}}{2} & 0 & -1 \\[2mm] 0 & 0 & 1+\dfrac{\sqrt{2}}{2} & -\dfrac{\sqrt{2}}{2} \\[2mm] 0 & -1 & -\dfrac{\sqrt{2}}{2} & 1+\dfrac{\sqrt{2}}{2} \end{bmatrix} \tag{4.97}$$

（4）求解桁架结构的平衡方程。该桁架结构在置边界条件后的平衡方程为

$$\frac{EA}{L} \begin{bmatrix} 1+\dfrac{\sqrt{2}}{2} & \dfrac{\sqrt{2}}{2} & 0 & 0 \\[2mm] \dfrac{\sqrt{2}}{2} & 1+\dfrac{\sqrt{2}}{2} & 0 & -1 \\[2mm] 0 & 0 & 1+\dfrac{\sqrt{2}}{2} & -\dfrac{\sqrt{2}}{2} \\[2mm] 0 & -1 & -\dfrac{\sqrt{2}}{2} & 1+\dfrac{\sqrt{2}}{2} \end{bmatrix} \begin{Bmatrix} \boldsymbol{u}_2 \\ v_2 \\ \boldsymbol{u}_3 \\ v_3 \end{Bmatrix} = \begin{Bmatrix} 0 \\ 1 \\ 0 \\ 0 \end{Bmatrix} \tag{4.98}$$

求解该线性方程组便可得到节点位移向量，即

$$\begin{Bmatrix} \boldsymbol{u}_2 \\ v_2 \\ \boldsymbol{u}_3 \\ v_3 \end{Bmatrix} = \begin{Bmatrix} -0.005\ 9 \\ 0.014\ 1 \\ 0.004\ 1 \\ 0.010\ 0 \end{Bmatrix} \tag{4.99}$$

由节点位移向量可知，节点 2 沿 Y 向的位移 $v_2 = 0.014\ 1$。

4.5 本 章 小 结

本章作为结构稳定性有限元分析方法的引导性内容，主要介绍了结构有限元分析的基本概念以及有限元模型建立过程，重点需要掌握线弹性小变形有限元计算的基本原理，特别是其静力学平衡方程的推导过程，此外还需了解薄壁结构常用到的几种单元类型以及其刚度矩阵的构造和推导方法。本章旨在通过介绍基础的线性有限元分析过程，为第 5 章讲授结构稳定性分析中常用的非线性有限元方法做好铺垫。

参 考 文 献

[1]　朱伯芳. 有限单元法原理与应用[M]. 北京：中国水利水电出版社，1998.

［2］　石钟慈，王鸣. 有限元方法［M］. 北京：科学出版社，2010.

［3］　孙秦. 结构有限元素法［EB/OL］. （2012 - 08 - 05）［2022 - 01 - 12］. https://wenku. baidu. com/view/9400d8b8f121dd36a32d822e. html.

［4］　佚名. 弯曲板单元［EB/OL］. （2015 - 08 - 21）［2022 - 01 - 19］. https://wenku. baidu. com/view/d829204bad51f01dc281f1e7. html.

第5章 基于有限单元法的结构稳定性分析

本章将讲解如何采用有限元法来分析结构的稳定性问题。首先介绍三种最为常见的结构非线性问题,然后阐述结构非线性问题的有限单元法,在此基础上详细介绍结构稳定性问题的有限单元分析方法,最后给出结构非线性问题的常用数值求解方法。

5.1 结构非线性问题

5.1.1 结构非线性概念及分类

结构的线弹性小变形假设是力学分析时最为经典和常用的力学假设,该假设认为结构在变形过程中的应力-应变为线性关系,结构位移很小(变形远小于物体的几何尺寸),且加载时边界条件的性质不变。利用线弹性小变形假设,能够显著降低力学问题分析的复杂性,但适用范围有限。

从本质上讲,所有的固体力学问题其实都是非线性的,很少能够获得解析解,而线弹性假设只是对实际工程问题的一种简化。力学中的线弹性理论通常包括以下内容:①假设节点的位移为微小量;②认为材料是线性弹性的;③物体边界条件的性质在运动或变形的过程中始终保持不变。但是,如果以上三个假设中有任何一个不满足,则该力学问题就属于非线性问题。因此,与上述三个线弹性假设相对应,固体力学中的非线性问题可以被分为三大类,即材料非线性、几何非线性以及边界非线性。

材料非线性是指材料的本构关系是非线性的,具体来说就是材料的应力-应变曲线是非线性的。此时可以将位移分量仍然假设为无限小,即应变-位移的关系为线性。可以进一步将材料非线性问题划分为两种:第一种是非线性弹性问题,如橡胶的应力-应变关系在应变很小时就表现出明显的非线性性质。此类问题的一个重要特征是它们在卸载后变形是可以完全恢复的;第二种为非线性塑性问题,如弹塑性和黏弹塑性问题等。这一类问题具有不可逆的塑性变形。

几何非线性问题可以分成三类,分别是大位移问题、大应变问题和大位移小应变问题。在考虑几何非线性问题时可以仍然假定材料的应力-应变关系是线性的。大多数的几何非线性问题都属于大位移小应变,一般只有在材料发生塑性变形,或类似橡皮这样的材料才会出现较大的应变。考虑几何非线性时,应变和位移之间不满足线性关系。本章考虑几何非线性的影响,来分析结构的屈曲行为。此时,结构的平衡方程需要相对于事先未知的变形后的几何位置来给出。

边界非线性问题中的非线性效应是物体的边界条件随其运动发生变化所导致的。其中,接触和随动载荷是最为典型的接触非线性问题。在实际工程中,可以说所有的力学问题都多少存在一些边界非线性,对于大部分情况,这种边界非线性对结构的内力和变形的影响很小,因此也就被忽略了。但是有一部分的接触非线性,比如螺栓和孔壁之间的接触,往往是不可以被忽略的。

综上所述,如果载荷导致结构刚度显著改变,此结构的响应就是非线性的。引起刚度改变的典型原因就是上述三大类非线性问题,如应变超过了弹性极限(塑性)、大挠度。从本质上看,结构线性与非线性分析需求解的受力平衡方程完全不同。线性分析需求解的平衡方程为 $Kq = P$,其中的刚度矩阵 K 是个常量,不随加载和变形而改变,该平衡方程为线性代数方程组。而非线性结构的基本特征为变化的结构刚度,即非线性平衡方程为

$$K(q)q = P \tag{5.1}$$

式中,$K(q)$ 不再是个常量,成为结构变形 q 的函数,会随结构加载和变形而发生改变。

由此可见,求解上述非线性方程组得到的结构响应具有一定的非线性特征,如图 5.1 所示,线性和非线性力学响应在载荷-位移曲线上的差异显著。当载荷量较小时,线性与非线性响应的差异较小。然而,随着加载进一步增大,二者的区别愈发明显。

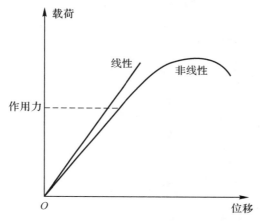

图 5.1　线性与非线性问题的载荷-位移曲线

5.1.2　结构几何非线性问题

在经典的材料力学和弹性力学中有一个基本假设,即位移与应变关系是线性的,且应变为小量,这样得到的最后方程是线性的,但在实际工程领域内,这个线性假设往往不再适用,例如航空薄壁结构、在某些载荷情况下的薄板和薄壳、机械上的柔软支架等,位移可以较大,因此位移与应变关系不可用线性关系来描述。凡考虑位移与应变的非线性关系或采用大应变理论,均属于几何非线性问题,几何非线性包括大位移的小应变问题以及大位移大应变问题。

与结构稳定性密切相关的是几何非线性问题。几何非线性的特点为:如果一个结构经历了大变形,则其变化后的几何形状能够引起非线性行为。以载荷作用下的钓鱼杆为例,如图 5.2 所示,处于轻微横向载荷作用下的杆梢是柔软的,随着载荷增加,杆的几何形状发生变化(变弯曲),力矩臂减小(载荷移动),引起杆的杆梢端载荷位移曲线的明显刚化响应。

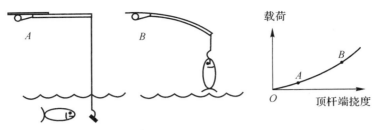

图 5.2　鱼杆的几何非线性响应历程

从平衡方程的构型上看,结构几何线性分析是在结构的初始(未变形)构型上建立力学平衡方程并进行求解,而结构几何非线性分析则是在结构的中间(已变形)构型上建立力学平衡方程并进行求解。在不同构型上建立平衡方程的本质表现为结构刚度随加载变化,几何非线性所引起的结构刚度上的变化都是从单元刚度层面发展而来的,如图 5.3 所示,主要有两种情况:① 单元自身大变形引起单元形状发生改变,进而影响单元刚度,如图 5.3(a) 所示;② 单元自身变形较小但整体发生较大转动,单元局部刚度转化到全局部件的变换发生变化,如图 5.3(b) 所示。

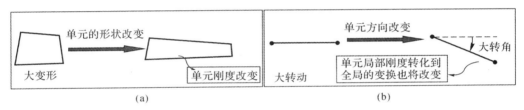

图 5.3　几何非线性引起的单元刚度改变

5.2　结构非线性的有限单元法

下面重点介绍非线性有限单元法涉及的主要概念以及结构非线性平衡方程的建立过程[5]。

5.2.1　变形体的运动描述

物体运动和变形的描述主要可以分为物质描述和空间描述。选定一固定的空间直角坐标系,运动物体中每个质点的空间位置可以用一组坐标来表示。

初始时刻的位置($t=0$)：　$X_i(i=1,2,3)$;

任一时刻的位置(t)：　$x_i(i=1,2,3)$。

那么运动物体中每个质点不同时刻在空间的位置可表述为以下坐标。

物质描述(Lagrange 描述)：$x_i=x_i(X_j,t)$;

空间描述(Euler 描述)：$X_i=X_i(x_j,t)$。

显然,物质描述采用的是由质点的初始位置来计算质点的任一当前的位置,而空间描述则是由质点的当前位置追溯出其初始位置。

进一步总结可知,变形体上的质点的运动状态可以随不同的坐标选取以下几种描述方法,如图 5.4 所示。

（1）全拉格朗日列式法（T. L 列式法——Total Lagrangian Formulation）：选取 $t_0 = 0$ 时刻未变形物体的构型 A_0 作为参照构型进行分析。

（2）修正拉格朗日列式法（U. L 列式法——Updated Lagrangian Formulation）：选取 t_n 时刻的物体构形 A_n 作为参照构形。由于 A_n 随计算而变化，因此其构型和坐标值也是变化的，即与 t 有关。t_n 为非线性增量求解时增量步的开始时刻。

（3）欧拉描述法（Eulerian Formulation）：独立变量是质点当前时刻的位置 x_{n+1} 与时间 t_{n+1}。

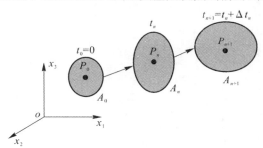

图 5.4　变形体上质点运动状态的描述

在涉及几何非线性的有限元方法中，通常采用的是增量分析的方法。目前，结构几何非线性有限元的表达格式主要有三类：TL 格式、UL 格式和 CR 格式。在固体力学的计算中，知道的只是已知的初始构型，而变形以后的构型是未知的。因此，在研究中采用物质描述法是最为方便的。上述三种表达格式也都是基于物质描述并参考结构的已知构型构建的，它们主要的不同点在于参考构型的选择上。

这三种计算格式均是典型的增量求解方法。如图 5.4 所示，现考虑载荷序列的一个典型时刻 t_n，设从 $t = t_0$ 到 $t = t_n$ 的所有时刻的状态量均已知，现求解 $t_{n+1} = t_n + \Delta t_n$ 时刻的状态量。在求解过程中，TL 格式始终选取的是 $t = 0$ 时刻的构型（即初始构型）为参考构型。UL格式是选取前一步的构型（如 $t = t_n$）为参考构型，因此在求解的过程中需要不断修正参考构型。但需要注意的是，它们参考的构型都是已知构型。CR 格式的参考构型既可以是初始构型，也可以是前一步的构型，相应衍生出了 CR - TL 法和 CR - UL 法，其与前两种描述方法的不同主要在于求解思路上。

5.2.2　变形梯度张量

下述介绍用以描述不同构型下变形关系的重要物理量，即变形梯度张量。首先采用 Lagrangian 方法，将一个物体的加载过程划分为一系列平衡状态，如图 5.5 所示，初始状态与变形后状态之间的坐标关系即为位移方程：

$$x_i = x_i' + u_i \tag{5.2}$$

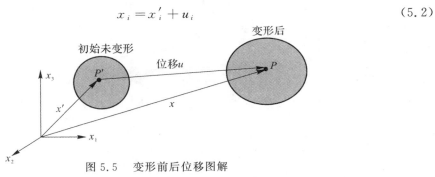

图 5.5　变形前后位移图解

考虑现实坐标对初始坐标的偏导数,即变形梯度,如图 5.6 所示,初始状态与变形后状态之间矢量的关系为

$$
\left.\begin{aligned}
\mathrm{d}x_i &= \frac{\partial x_i}{\partial x_j'}\mathrm{d}x_j' = F_{ij}\,\mathrm{d}x_j' \\
F_{ij} &= \frac{\partial x_i}{\partial x_j'}
\end{aligned}\right\}
\tag{5.3}
$$

式中:F_{ij} 称为变形梯度张量。

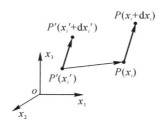

图 5.6　初始状态与变形后状态之间矢量的关系

可从另一个角度来理解变形梯度张量的物理意义。图 5.7 中的a^0 和 a 分别是初始未变形和现实变形构型上的两个任意向量,假设它们相对各自坐标系的位置一致,则有

$$
\left.\begin{aligned}
\boldsymbol{a}^0 &= a_1 d_1^0 + a_2 d_2^0 + a_3 d_3^0 \\
\boldsymbol{a} &= a_1 d_1 + a_2 d_2 + a_3 d_3
\end{aligned}\right\}
\tag{5.4}
$$

用$\boldsymbol{a}^0$ 来表示 $\boldsymbol{a}$ 可得

$$
\boldsymbol{a} = \{d_1 \quad d_2 \quad d_3\}\{d_1^0 \quad d_2^0 \quad d_3^0\}^{-1}\boldsymbol{a}^0
\tag{5.5}
$$

其中,令

$$
F = \{d_1 \quad d_2 \quad d_3\}\{d_1^0 \quad d_2^0 \quad d_3^0\}^{-1}
\tag{5.6}
$$

由此可见,这里的 F 表示从初始状态到变形后状态的一个映射,即为变形梯度的概念。

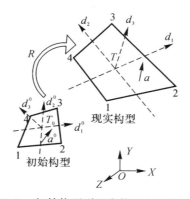

图 5.7　初始构型到现实构型之间的转换

下面进一步介绍变形梯度张量的相关概念。由位移方程式(5.2)可知,变形梯度[式(5.3)]可进一步写为

$$
F_{ij} = \frac{\partial x_i}{\partial x_j'} = \frac{\partial x_i'}{\partial x_j'} + \frac{\partial u_i'}{\partial x_j'}
\tag{5.7}
$$

或写为

$$F_{ij} = \delta_{ij} + \frac{\partial u_i}{\partial x'_j} \tag{5.8a}$$

式中：δ_{ij} 当 $i = j$ 时等于 1，否则为零。

由此可见，F_{ij} 是一个二阶非对称张量。F_{ij} 表示从初始状态到变形后状态的一个映射，其逆映射 F_{ij}^{-1} 一定存在，即

$$F_{ij}^{-1} = \frac{\partial x'_i}{\partial x_j} = \delta_{ij} - \frac{\partial u_i}{\partial x_j} \tag{5.8b}$$

由二阶张量特性可知，变形梯度张量的三个不变量为

$$\left.\begin{aligned} I_1 &= F_{ii} = F_{ij}\delta_{ij} \\ I_2 &= \frac{1}{2}(F_{ij}F_{ij} - F_{ii}\delta_{jj}) \\ I_3 &= \det F_{ij} = J \end{aligned}\right\} \tag{5.8c}$$

其中的第三不变量可用于描述不同构型下的面积和体积的转换关系，图 5.8 描述了面积在变形前后的映射，相应的数学表达式为

$$n_j \, dA = J N_i F_{ij}^{-1} \, dA' \tag{5.9}$$

同样，体积映射可描述为

$$dV = \det F_{ij} \, dV' = J \, dV' \tag{5.10}$$

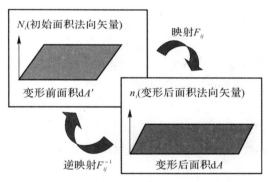

图 5.8　变形前后面积之间的映射

5.2.3　应变与变形测度

由于变形梯度张量 F_{ij} 中包含了刚体运动，因此不能直接用于定义应变测度。而材料方向矢量则不包含刚体运动，因此它的二次方值可以作为衡量从某一状态到变形后状态的一个测度，初始状态和变形后状态中材料方向矢量的二次方值定义为

初始状态：

$$(ds')^2 = dx'_i \, dx'_i \tag{5.11}$$

变形后状态：

$$(ds)^2 = dx_i \, dx_i \tag{5.12}$$

一个应变测度应该能反映材料一段长度发生的改变。因此，应变张量可以由下式定义：

$$(ds)^2 - (ds')^2 = dx_i \, dx_i - dx'_i \, dx'_i \tag{5.13}$$

由于 Green 应变张量表达式中的变形梯度张量对应于初始状态,因此该应变张量也应在初始状态下计算。

下面介绍两种几何非线性问题常用到的应变张量

1. Green 应变张量

Green 应变张量采用 Lagrangian 运动描述方法,即按初始状态下的构型定义应变张量,具体为

$$(\mathrm{d}s)^2 - (\mathrm{d}s')^2 = \mathrm{d}x_i \mathrm{d}x_i - \mathrm{d}x'_i \mathrm{d}x'_i = \mathrm{d}x'_i F_{ki} F_{kj} \mathrm{d}x'_j - \mathrm{d}x'_i \mathrm{d}x'_i = \\ (F_{ki}F_{kj} - \delta_{ij})\mathrm{d}x'_i \mathrm{d}x'_i = 2e_{ij}\mathrm{d}x'_i \mathrm{d}x'_i \tag{5.14}$$

其中

$$e_{ij} = \frac{1}{2}(F_{ki}F_{kj} - \delta_{ij}) \tag{5.15}$$

式中:e_{ij} 即为 Green 应变张量或 Green-Lagrangian 应变张量。

2. Almanshi 应变张量

Almanshi 应变张量采用 Euler 运动描述方法,即按当前状态下的构型定义应变张量,具体为

$$(\mathrm{d}s)^2 - (\mathrm{d}s')^2 = \mathrm{d}x_i \mathrm{d}x_i - \mathrm{d}x'_i \mathrm{d}x'_i = \mathrm{d}x_i \mathrm{d}x_i - \mathrm{d}x_i F_{ki}^{-1} F_{kj}^{-1} \mathrm{d}x_j \\ = (\delta_{ij} - F_{ki}^{-1}F_{kj}^{-1})\mathrm{d}x_i \mathrm{d}x_i = 2E_{ij}\mathrm{d}x_i \mathrm{d}x_i \tag{5.16}$$

其中

$$E_{ij} = \frac{1}{2}(\delta_{ij} - F_{ki}^{-1}F_{kj}^{-1}) \tag{5.17}$$

式中:E_{ij} 称为 Almanshi 应变张量或 Almanshi-Euler 应变张量。

可以证明 Green 应变张量和 Almanshi 应变张量都是二阶对称张量。由于大变形问题有限元方程主要采用 T. L 列式法或 U. L 列式法建立,因此应在初始状态下定义应变张量,即采用 Green 应变张量。

下述介绍 Green – Lagrangian 应变张量e_{ij} 与小应变张量ε_{ij} 之间的关系。将变形梯度张量表达式代入 Green 应变张量公式中,可得

$$e_{ij} = \frac{1}{2}\left[\left(\delta_{ki} + \frac{\partial u_k}{\partial x'_i}\right)\left(\delta_{kj} + \frac{\partial u_k}{\partial x'_j}\right) - \delta_{ij}\right] = \\ \frac{1}{2}\left(\delta_{ij} + \frac{\partial u_i}{\partial x'_j} + \frac{\partial u_j}{\partial x'_i} + \frac{\partial u_k}{\partial x'_i}\frac{\partial u_k}{\partial x'_j} - \delta_{ij}\right) = \\ \frac{1}{2}\left(\frac{\partial u_i}{\partial x'_j} + \frac{\partial u_j}{\partial x'_i}\right) + \frac{1}{2}\frac{\partial u_k}{\partial x'_i}\frac{\partial u_k}{\partial x'_j} = \varepsilon_{ij} + \eta_{ij} \tag{5.18}$$

式中

$$\varepsilon_{ij} = \frac{1}{2}\left(\frac{\partial u_i}{\partial x'_j} + \frac{\partial u_j}{\partial x'_i}\right) \tag{5.19}$$

为小变形应变张量;

$$\eta_{ij} = \frac{1}{2}\frac{\partial u_k}{\partial x'_i}\frac{\partial u_k}{\partial x'_j} \tag{5.20}$$

为非线性二次应变项。

故而,可将 Green 应变张量写为

$$e_{ij} = \varepsilon_{ij} + \eta_{ij} \tag{5.21}$$

式(5.21)表明 Green 应变张量为小应变张量与一个非线性二次项之和,这意味着所有大变形分析都是非线性的。

此外,Green 变形张量也可写为

$$e_{ij} = \frac{1}{2}(C_{ij} - \delta_{ij}) \tag{5.22}$$

式中:C_{ij} 是 Cauchy 变形张量,有

$$C_{ij} = F_{ki}F_{kj} \tag{5.23}$$

由于 Cauchy 变形张量是正定对称阵,因此该张量有三个实特征值,这些特征值的二次方根即为材料的主轴拉伸。

5.2.4　大变形应力测度

与应变测度相对应,下述再介绍几种相应的应力测度。

1. Cauchy 应力张量

取三维空间笛卡儿坐标系,在 t 时刻的构型中截取一个四面体素,斜面的法线为 n,另外三个面元与所取坐标面平行。由四面体素的平衡条件得出其上的应力为

$$\sigma_i(n) = \sigma_{ij}n_j \tag{5.24}$$

式(5.24)中的 $\sigma_{ij} = \sigma_{ji}$ 便是 Cauchy 应力张量,它是二阶对称张量。

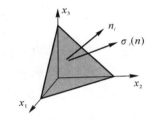

图 5.9　柯西应力张量的定义方式

关于 Cauchy 应力张量还需注意以下几点:

(1)Cauchy 应力张量是一种采用欧拉描述法(以质点的瞬时坐标 x_k 和时间 t 作为自变量描述)定义在 t 时刻的现时构型上的应力张量 σ_{ij},又称欧拉应力张量。

(2)在大变形(有限变形)情况下,由于变形前的初始构型和变形后的现时构形差别较大,分别定义这两个构型上的应力张量就很必要。

(3)Cauchy 应力是定义在现时构型(变形后状态下)的单位面积上的力,是与变形相关的真实应力。

2. 一阶 Piola-Kirchoff 应力张量

一阶 Piola-Kirchoff 应力张量的定义是基于总力相等的基础上。即在参考状态下,该应力张量能给出与变形后状态下 Cauchy 应力张量相同的力。

首先,变形后状态下 Cauchy 应力作用在变形后面积上的力为

$$dP_i = \sigma_{ij}n_j dA \tag{5.25}$$

然后,计算变形前参考状态下一阶 Piola-Kirchoff 应力在变形前面积上的力为

$$dP_i = T_{ij}N_j dA' \tag{5.26}$$

依据力相同原则,联立上述两式可得

$$\sigma_{ij}n_j dA = T_{ij}N_j dA' \tag{5.27}$$

将面积映射关系式(5.9)代入式(5.27),可得

$$\sigma_{ij} J N_k F_{kj}^{-1} \mathrm{d}A' = T_{ij} N_j \mathrm{d}A' \tag{5.28}$$

式(5.28)两端同变量消除后,再进一步整理得

$$T_{ij} = \sigma_{ik} J F_{jk}^{-1} \tag{5.29}$$

式中:T_{ij} 称为一阶 Piola-Kirchoff 应力张量或名义应力。

从式(5.29)可以看出,一阶 Piola-Kirchoff 应力张量提供了以参考状态表示实际力的形式。但是,直接应用一阶 Piola-Kirchoff 应力张量可能存在以下困难:

(1)从能量角度上看,T_{ij} 不适合与 Green 应变张量共同使用。因为 T_{ij} 乘以 Green 应变张量不会产生与 Cauchy 应力张量与小应变张量相同的能量密度。

(2)T_{ij} 自身不对称,因而较难应用到有限元分析中。

反过来,Cauchy 应力张量也可以由一阶 Piola-Kirchoff 应力张量表示为

$$\sigma_{ij} = J^{-1} F_{jk} T_{ik} \tag{5.30}$$

3. 二阶 Piola-Kirchoff 应力张量

如不采用变形后状态下的 $\mathrm{d}P$ 推导应力张量,而是将作用在变形后状态下的 $\mathrm{d}P$ 映射到未变形状态上(映射是采用逆变形梯度张量),即

$$\mathrm{d}P_i' = F_{ij}^{-1} \mathrm{d}P_j \tag{5.31}$$

将变形后状态下的 Cauchy 应力张量代入式(5.31),可得

$$\mathrm{d}P_i' = F_{ij}^{-1} \mathrm{d}P_j = F_{ij}^{-1} \sigma_{jk} n_k \mathrm{d}A \tag{5.32}$$

由未变形状态下的力可以定义另一个应力张量 $\boldsymbol{S}$,它给出了未变形状态下作用在未变形面积上的总力:

$$\mathrm{d}P_i' = S_{ij} N_j \mathrm{d}A' \tag{5.33}$$

将面积映射关系式(5.9)代入式(5.32)后可得

$$\mathrm{d}P_i' = F_{ij}^{-1} \sigma_{jk} J F_{rk}^{-1} N_r \mathrm{d}A' \tag{5.34}$$

对比式(5.33)和式(5.34)可得

$$S_{ij} = F_{ij}^{-1} \sigma_{jk} J F_{rk}^{-1} \tag{5.35}$$

式中:S_{ij} 称为二阶 Piola-Kirchoff 应力张量或伪应力。

与一阶 Piola-Kirchoff 应力张量不同,二阶 Piola-Kirchoff 应力张量 S_{ij} 具有以下性质:

(1)S_{ij} 是对称阵。

(2)S_{ij} 在能量角度下与 Green 应变张量协调,即 S_{ij} 乘以 Green 应变张量会产生与 Cauchy 应力张量与小应变张量相同的能量密度,即

$$\sigma_{ij} \varepsilon_{ij} = S_{ij} e_{ij} \tag{5.36}$$

该表达式的优点在于等式右边是在未变形 / 参考状态下计算的。

(3)一阶 Piola-Kirchoff 应力张量 T_{ij} 与二阶 Piola-Kirchoff 应力张量 S_{ij} 存在以下关系:

$$F_{ri} S_{ij} = T_{rj} \tag{5.37}$$

由式(5.35)可得 Cauchy 应力张量与二阶 Piola-Kirchoff 应力张量 S_{ij} 的关系为

$$\sigma_{jk} = F_{ij} S_{ij} J^{-1} F_{rk} \tag{5.38}$$

(4)二阶 Piola-Kirchoff 应力张量的物理意义是:真实的力元可以看成是由 S_{ij} 定义的力元经与变形相同的方式被"拉长和转动"后得到的。

三个应力张量的比较见表 5.1，Piola-Kirchoff 简写为"P-K"。

表 5.1　三个应力张量的比较

张量	作用力	作用面积
柯西应力张量σ_{ij}	变形后状态下的力	变形后状态下的面积
一阶 P - K 应力张量	变形后状态下的力	未变形状态下的面积
二阶 P - K 应力张量	未变形状态下的力	未变形状态下的面积

因此，虽然二阶 P - K 应力张量有其应用上的优点，但其本身的物理意义很难理解。它主要起到了求解大变形问题的桥梁作用，可通过它计算出现实构型上的 Cauchy 应力张量。

5.2.5　不同构型下的虚功方程

如前所述，几何非线性的有限元方程一般采用 T.L 或 U.L 列式法建立。其中，全拉格朗日列式法（T.L 列式法）选取 $t_0 = 0$ 时刻未变形物体的构型 A_0 作为参照构型进行分析。修正拉格朗日列式法（U.L 列式法）选取 t_n 时刻的物体构型 A_n 作为参照构型。由于 A_n 随计算而变化，因此其构型和坐标值也是变化的，即与 t 有关，t_n 为非线性增量求解时增量步的开始时刻。

假设物体同时作用有体积力 f_i^b 和面力 f_i^s，在时刻 $t_{n+1} = t_n + \Delta t_n$ 的平衡方程可以按虚功原理建立：

$$\int_V \sigma_{ij} \delta(\varepsilon_{ij}^*) \mathrm{d} = \int_V f_i^b \delta u_i^* \, \mathrm{d}V + \int_S f_i^s \delta u_i^* \, \mathrm{d}S \tag{5.39}$$

然而，该平衡方程此时不可解，因为应力和应变是变形后状态下的物理量，是完全未知的。为了求解，需将以上变形后状态下表示的虚功方程转换到初始状态下表达。可分为以下三步：

1) 采用二阶 P-K 应力张量和 Green 应变张量将式（5.39）左端的虚应变能转换到初始状态下表示：

$$\int_V \sigma_{ij} \delta(\varepsilon_{ij}^*) \mathrm{d}V = \int_{V'} S_{ij} \delta(e_{ij}^*) \mathrm{d}V' \tag{5.40}$$

2) 在外力作用点和方向都不改变的条件下，也可以将体积力 f_i^b 和面力 f_i^s 定义到初始状态下：

$$f_i^s \mathrm{d}S' = f_i^s \mathrm{d}S, \quad f_i^b \mathrm{d}V' = f_i^b \mathrm{d}V \tag{5.41}$$

3) 将以上关系代入变形后状态下的虚功方程式（5.39）中，可得

$$\int_{V'} S_{ij} \delta(e_{ij}^*) \mathrm{d}V' = \int_{V'} f_i^b \delta u_i^* \, \mathrm{d}V' + \int_{S'} f_i^s \delta u_i^* \, \mathrm{d}S' \tag{5.42}$$

式（5.42）给出的虚功方程是从变形后状态下的虚功方程转换而来的，涉及的各物理量都是定义在参考状态下的已知量，不仅可以求解，而且其解是准确的，可以说已经完全定义了在初始状态下的平衡方程。

5.2.6　非线性有限元平衡方程

下述采用有限元方法来推导结构的几何非线性平衡方程，在此过程中，可以与结构几何线性平衡方程进行比较。

结构的几何非线性首先体现在应变与位移关系的非线性上，下面采用全量的分析法来推

导几何非线性问题的有限元方程。将外载荷作用下元素各点在 x，y，z 方向的位移分别用 u，v，w 来表示，则应变可以通过引用非线性的应变-位移关系（即 Green 应变）来表示：

$$\left.\begin{aligned}
\varepsilon_x &= \frac{\partial u}{\partial x} + \frac{1}{2}\left[\left(\frac{\partial u}{\partial x}\right)^2 + \left(\frac{\partial v}{\partial x}\right)^2 + \left(\frac{\partial w}{\partial x}\right)^2\right] \\
\varepsilon_y &= \frac{\partial v}{\partial y} + \frac{1}{2}\left[\left(\frac{\partial u}{\partial y}\right)^2 + \left(\frac{\partial v}{\partial y}\right)^2 + \left(\frac{\partial w}{\partial y}\right)^2\right] \\
\varepsilon_z &= \frac{\partial w}{\partial z} + \frac{1}{2}\left[\left(\frac{\partial u}{\partial z}\right)^2 + \left(\frac{\partial v}{\partial z}\right)^2 + \left(\frac{\partial w}{\partial z}\right)^2\right] \\
\gamma_{xy} &= \frac{\partial v}{\partial x} + \frac{\partial u}{\partial y} + \frac{\partial u}{\partial x}\frac{\partial u}{\partial y} + \frac{\partial v}{\partial x}\frac{\partial v}{\partial y} + \frac{\partial w}{\partial x}\frac{\partial w}{\partial y} \\
\gamma_{yz} &= \frac{\partial w}{\partial y} + \frac{\partial v}{\partial z} + \frac{\partial u}{\partial y}\frac{\partial u}{\partial z} + \frac{\partial v}{\partial y}\frac{\partial v}{\partial z} + \frac{\partial w}{\partial y}\frac{\partial w}{\partial z} \\
\gamma_{zx} &= \frac{\partial u}{\partial z} + \frac{\partial w}{\partial x} + \frac{\partial u}{\partial z}\frac{\partial u}{\partial x} + \frac{\partial v}{\partial z}\frac{\partial v}{\partial x} + \frac{\partial w}{\partial z}\frac{\partial w}{\partial x}
\end{aligned}\right\} \tag{5.43}$$

将其简写成张量表达式

$$\varepsilon_{ij} = \frac{1}{2}\left(\frac{\partial u_i}{\partial x_j} + \frac{\partial u_j}{\partial x_i} + \frac{\partial u_k}{\partial x_i}\frac{\partial u_k}{\partial x_j}\right), \quad i,j = 1,2,3, \ k = 1,2,3 \tag{5.44}$$

设单元的节点广义位移列向量为 $\boldsymbol{q}^e = \{u_1 \quad u_2 \quad \cdots \quad u_n\}^{\mathrm{T}}$，则单元中任一点的位移可表示为

$$\boldsymbol{u}_i^e = \boldsymbol{N}\boldsymbol{q}^e, \quad i = x,yz \tag{5.45}$$

式中：矩阵 $\boldsymbol{N}$ 是单元的形状函数矩阵。将式（5.45）代入式（5.44）可以得到单元的非线性应变与节点位移的关系式，即几何方程：

$$\boldsymbol{\varepsilon}^e = \left[\boldsymbol{B}_{\mathrm{L}} + \overline{\boldsymbol{B}}_{\mathrm{N}}(\boldsymbol{q}^e)\right]\boldsymbol{q}^e = \overline{\boldsymbol{B}}\boldsymbol{q}^e \tag{5.46}$$

式中：$\boldsymbol{B}_{\mathrm{L}}$ 为线性几何矩阵；$\overline{\boldsymbol{B}}_{\mathrm{N}}$ 为非线性几何矩阵。

线性几何矩阵在第 4 章中已经详细介绍过，与线性分析相比，该几何方程中还含有非线性几何矩阵：

$$\overline{\boldsymbol{B}}_{\mathrm{N}} = \boldsymbol{A}\boldsymbol{G}/2 \tag{5.47}$$

式中：$\boldsymbol{A}$ 是与节点位移有关的矩阵；$\boldsymbol{G}$ 只与单元插值函数 $\boldsymbol{N}$ 的偏导数相关。

由于 $\overline{\boldsymbol{B}}_{\mathrm{N}}$ 和节点位移 $\boldsymbol{q}^e$ 有关，因而应变与节点位移之间的关系是非线性关系，即几何方程是非线性的。为了便于随后应用虚功原理来推导平衡方程，对式（5.46）两边同时求变分，可得

$$\delta\boldsymbol{\varepsilon}^e = (\boldsymbol{B}_{\mathrm{L}} + 2\overline{\boldsymbol{B}}_{\mathrm{N}})\delta\boldsymbol{q}^e = (\boldsymbol{B}_{\mathrm{L}} + \boldsymbol{B}_{\mathrm{N}})\delta\boldsymbol{q}^e = \boldsymbol{B}\delta\boldsymbol{q}^e \tag{5.48}$$

需注意，式（5.48）中的 $\boldsymbol{B}_{\mathrm{N}}$ 与非线性几何矩阵 $\overline{\boldsymbol{B}}_{\mathrm{N}}$ 不同，有

$$\boldsymbol{B}_{\mathrm{N}} = 2\overline{\boldsymbol{B}}_{\mathrm{N}} \tag{5.49}$$

由于仅考虑几何非线性的情况，可认为材料的本构关系是线弹性的，因此单元应力为

$$\boldsymbol{\sigma}^e = \boldsymbol{D}\overline{\boldsymbol{B}}\boldsymbol{q}^e \tag{5.50}$$

将式（5.48）代入由应变和应力表述的虚功方程，可得

$$\int_{v^e}(\delta\boldsymbol{\varepsilon}^e)^{\mathrm{T}}\boldsymbol{\sigma}^e \mathrm{d}V = \delta\boldsymbol{q}^{e\mathrm{T}}\int_{v^e}\boldsymbol{B}^{\mathrm{T}}\boldsymbol{\sigma}^e \mathrm{d}V = \delta\boldsymbol{q}^{e\mathrm{T}}\boldsymbol{p}^e \tag{5.51}$$

式中：$\boldsymbol{p}^e$ 为单元外载荷的等效节点力。将式（5.50）代入后再进一步整理就得到了单元的非线性平衡方程：

$$\psi(\boldsymbol{q}^{\mathrm{e}}) = \int_{v^{\mathrm{e}}} \boldsymbol{B}^{\mathrm{T}} \boldsymbol{\sigma} \, \mathrm{d}V - \boldsymbol{p}^{\mathrm{e}} = \left(\iint_{v^{\mathrm{e}}} \boldsymbol{B}^{\mathrm{T}} \boldsymbol{D} \overline{\boldsymbol{B}} \, \mathrm{d}V \right) \boldsymbol{q}^{\mathrm{e}} - \boldsymbol{p}^{\mathrm{e}} = \boldsymbol{0} \tag{5.52}$$

式(5.52)中括号中的项为

$$\boldsymbol{K}_{\mathrm{ge}}^{\mathrm{e}}(\boldsymbol{q}^{\mathrm{e}}) = \int_{v^{\mathrm{e}}} \boldsymbol{B}^{\mathrm{T}} \boldsymbol{D} \overline{\boldsymbol{B}} \, \mathrm{d}V \tag{5.53}$$

式中：$\boldsymbol{K}_{\mathrm{ge}}^{\mathrm{e}}$ 为单元的割线刚度矩阵。

需要注意：

1) 几何矩阵 $\boldsymbol{B}$ 和 $\overline{\boldsymbol{B}}$ 均为位移 $\boldsymbol{q}$ 的函数，因此推导得到的平衡方程式(5.52)为非线性方程组；

2) 在几何非线性情况下，由于 $\boldsymbol{B}$ 和 $\overline{\boldsymbol{B}}$ 不相同，因此由式(5.53)可知单元的割线刚度矩阵 $\boldsymbol{K}_{\mathrm{ge}}^{\mathrm{e}}$ 是非对称矩阵。

上述非线性平衡方程组在求解过程中实际用到的是其切线方程形式，因此需要继续推导单元的切线刚度矩阵 $\boldsymbol{K}_{\mathrm{T}}^{\mathrm{e}}$。对式(5.52)求全微分，得

$$\mathrm{d}\psi(\boldsymbol{q}^{\mathrm{e}}) = \int_{v^{\mathrm{e}}} \boldsymbol{B}^{\mathrm{T}} \mathrm{d}\boldsymbol{\sigma}^{\mathrm{e}} \mathrm{d}V + \int_{v^{\mathrm{e}}} \mathrm{d}\boldsymbol{B}^{\mathrm{T}} \boldsymbol{\sigma}^{\mathrm{e}} \mathrm{d}V \tag{5.54}$$

先对式(5.54)右端的第一项进行分析，整理后变为

$$\begin{aligned}
\int_{v^{\mathrm{e}}} \boldsymbol{B}^{\mathrm{T}} \mathrm{d}\boldsymbol{\sigma}^{\mathrm{e}} \mathrm{d}V &= \int_{v^{\mathrm{e}}} \boldsymbol{B}^{\mathrm{T}} \boldsymbol{D} \mathrm{d}\boldsymbol{\varepsilon}^{\mathrm{e}} \mathrm{d}V = \left(\int_{v^{\mathrm{e}}} \boldsymbol{B}^{\mathrm{T}} \boldsymbol{D} \boldsymbol{B} \, \mathrm{d}V \right) \mathrm{d}\boldsymbol{q}^{\mathrm{e}} = \\
&\left[\int_{v^{\mathrm{e}}} \boldsymbol{B}_{\mathrm{L}}^{\mathrm{T}} \boldsymbol{D} \boldsymbol{B}_{\mathrm{L}} \mathrm{d}V + \int_{v^{\mathrm{e}}} (\boldsymbol{B}_{\mathrm{L}}^{\mathrm{T}} \boldsymbol{D} \boldsymbol{B}_{\mathrm{N}} + \boldsymbol{B}_{\mathrm{N}}^{\mathrm{T}} \boldsymbol{D} \boldsymbol{B}_{\mathrm{L}} + \boldsymbol{B}_{\mathrm{N}}^{\mathrm{T}} \boldsymbol{D} \boldsymbol{B}_{\mathrm{N}}) \mathrm{d}V \right] \mathrm{d}\boldsymbol{q}^{\mathrm{e}}
\end{aligned} \tag{5.55}$$

其中，令

$$\left. \begin{aligned}
\boldsymbol{K}_{\mathrm{L}}^{\mathrm{e}} &= \int_{v^{\mathrm{e}}} \boldsymbol{B}_{\mathrm{L}}^{\mathrm{T}} \boldsymbol{D} \boldsymbol{B}_{L} \, \mathrm{d}V \\
\boldsymbol{K}_{\mathrm{N}}^{\mathrm{e}} &= \int_{v^{\mathrm{e}}} (\boldsymbol{B}_{\mathrm{L}}^{\mathrm{T}} \boldsymbol{D} \boldsymbol{B}_{\mathrm{N}} + \boldsymbol{B}_{\mathrm{N}}^{\mathrm{T}} \boldsymbol{D} \boldsymbol{B}_{\mathrm{L}} + \boldsymbol{B}_{\mathrm{N}}^{\mathrm{T}} \boldsymbol{D} \boldsymbol{B}_{\mathrm{N}}) \mathrm{d}V
\end{aligned} \right\} \tag{5.56}$$

式中：$\boldsymbol{K}_{\mathrm{L}}^{\mathrm{e}}$ 就是通常的小位移线弹性刚度矩阵；$\boldsymbol{K}_{\mathrm{N}}^{\mathrm{e}}$ 是由大位移引起的，习惯上称为初位移或大位移刚度矩阵。

再来分析式(5.54)中右端第二项，由于 $\boldsymbol{B}_{\mathrm{L}}$ 和 $\boldsymbol{G}$ 矩阵均与节点的位移无关，因此有

$$\int_{v^{\mathrm{e}}} \mathrm{d}\boldsymbol{B}^{\mathrm{T}} \boldsymbol{\sigma}^{\mathrm{e}} \mathrm{d}V = \int_{v^{\mathrm{e}}} \boldsymbol{G}^{\mathrm{T}} \mathrm{d}\boldsymbol{A}^{\mathrm{T}} \boldsymbol{\sigma}^{\mathrm{e}} \mathrm{d}V = \left(\int_{v^{\mathrm{e}}} \boldsymbol{G}^{\mathrm{T}} \boldsymbol{M}^{\mathrm{e}} \boldsymbol{G} \mathrm{d}V \right) \mathrm{d}\boldsymbol{q}^{\mathrm{e}} \tag{5.57}$$

式中：$\boldsymbol{M}$ 是与单元的应力状态相关的矩阵，于是有

$$\boldsymbol{K}_{\mathrm{g}}^{\mathrm{e}} = \int_{v^{\mathrm{e}}} \boldsymbol{G}^{\mathrm{T}} \boldsymbol{M}^{\mathrm{e}} \boldsymbol{G} \mathrm{d}V \tag{5.58}$$

显然，矩阵 $\boldsymbol{K}_{\mathrm{g}}^{\mathrm{e}}$ 是由应力状态引起的切线刚度，通常称为几何矩阵或初应力矩阵。

最后将式(5.55) ～ 式(5.57)代入式(5.54)可得

$$\mathrm{d}\psi(\boldsymbol{q}^{\mathrm{e}}) = \boldsymbol{K}_{\mathrm{T}}^{\mathrm{e}} \mathrm{d}\boldsymbol{q}^{\mathrm{e}} = (\boldsymbol{K}_{\mathrm{L}}^{\mathrm{e}} + \boldsymbol{K}_{\mathrm{N}}^{\mathrm{e}} + \boldsymbol{K}_{\mathrm{g}}^{\mathrm{e}}) \mathrm{d}\boldsymbol{q}^{\mathrm{e}} \tag{5.59}$$

令

$$\left. \begin{aligned}
\boldsymbol{K}_{\mathrm{T}}^{\mathrm{e}} &= \boldsymbol{K}_{\mathrm{L}}^{\mathrm{e}} + \boldsymbol{K}_{\mathrm{N}}^{\mathrm{e}} + \boldsymbol{K}_{\mathrm{g}}^{\mathrm{e}} \\
\boldsymbol{K}_{\mathrm{L}}^{\mathrm{e}} &= \int_{V} \boldsymbol{B}_{\mathrm{L}}^{\mathrm{T}} \boldsymbol{D} \boldsymbol{B}_{\mathrm{L}} \mathrm{d}V \\
\boldsymbol{K}_{\mathrm{g}}^{\mathrm{e}} &= \int_{V} \left(\sum_{i} \boldsymbol{B}_{i1}^{\mathrm{T}} \boldsymbol{\sigma} \boldsymbol{B}_{i2} + \sum_{i} \boldsymbol{B}_{i2}^{\mathrm{T}} \boldsymbol{\sigma} \boldsymbol{B}_{i1} \right) \mathrm{d}V \\
\boldsymbol{K}_{\mathrm{N}}^{\mathrm{e}} &= \int_{V} \boldsymbol{B}_{\mathrm{N}}^{\mathrm{T}} \boldsymbol{D} \boldsymbol{B}_{\mathrm{L}} \mathrm{d}V + \int_{V} \boldsymbol{B}_{\mathrm{L}}^{\mathrm{T}} \boldsymbol{D} \boldsymbol{B}_{\mathrm{N}} \mathrm{d}V + \int_{V} \boldsymbol{B}_{\mathrm{N}}^{\mathrm{T}} \boldsymbol{D} \boldsymbol{B}_{\mathrm{N}} \mathrm{d}V
\end{aligned} \right\} \tag{5.60}$$

式中：$\boldsymbol{K}_T^e$ 即为单元的切线刚度矩阵。因为 $\boldsymbol{M}$ 和 $\boldsymbol{D}$ 都是对称矩阵，因此单元的切线刚阵也是对称矩阵，这一点是与割线刚度矩阵有所不同的。

将单元的割线刚度和切线刚度在结构内部组装后，即可得到结构的总割线刚度矩阵 $\boldsymbol{K}_{ge}$ 和总切线刚度矩阵 $\boldsymbol{K}_T$。

5.2.7　大挠度板单元切线刚度

为了更好地理解非线性有限元方法中单元切线刚度矩阵的推导过程，以大挠度板单元的切线刚度矩阵为例[4]，给出详细说明。

正如第 3 章中所讲到的，在大挠度范围内，当平板承受横向载荷时，板中的内力除弯曲内力外，还有薄膜内力。所以在大挠度的情况下，平面变形和弯曲变形不再认为是互不相关的，而是相互耦合的。

板单元的中面应变和曲率列阵可写为

$$\boldsymbol{\varepsilon} = \begin{bmatrix} \boldsymbol{\varepsilon}_{pl} & \boldsymbol{\varepsilon}_b \end{bmatrix}^T = \begin{bmatrix} \varepsilon_x & \varepsilon_y & \gamma_{xy} & \dfrac{\partial^2 w}{\partial x^2} & \dfrac{\partial^2 w}{\partial y^2} & 2\dfrac{\partial^2 w}{\partial x \partial y} \end{bmatrix}^T \tag{5.61}$$

相应地，其薄膜内力和弯曲内力列阵为

$$\boldsymbol{\sigma} = \begin{bmatrix} \boldsymbol{\sigma}_{pl} & \boldsymbol{\sigma}_b \end{bmatrix}^T = \begin{bmatrix} F_{Nx} & F_{Ny} & F_{Nxy} & M_x & M_y & M_{xy} \end{bmatrix}^T \tag{5.62}$$

由板壳大挠度理论可知，板的挠度变形会使其中面上产生附加伸长和附加角变形，故而其三个中面应变分量可写为

$$\left. \begin{aligned} \varepsilon_x &= \frac{\partial u}{\partial x} + \frac{1}{2}\left(\frac{\partial w}{\partial x}\right)^2 \\ \varepsilon_y &= \frac{\partial v}{\partial y} + \frac{1}{2}\left(\frac{\partial w}{\partial y}\right)^2 \\ \gamma_{xy} &= \frac{\partial u}{\partial y} + \frac{\partial v}{\partial x} + \frac{\partial w}{\partial y}\frac{\partial w}{\partial x} \end{aligned} \right\} \tag{5.63}$$

将上述应变写成矩阵形式，可得

$$\boldsymbol{\varepsilon} = \begin{Bmatrix} \boldsymbol{\varepsilon}_{pl}^L \\ \boldsymbol{\varepsilon}_b^L \end{Bmatrix} + \begin{Bmatrix} \boldsymbol{\varepsilon}_{pl}^N \\ 0 \end{Bmatrix} = \begin{Bmatrix} \dfrac{\partial u}{\partial x} \\[6pt] \dfrac{\partial v}{\partial y} \\[6pt] \dfrac{\partial u}{\partial y} + \dfrac{\partial v}{\partial x} \\[6pt] \dfrac{\partial^2 w}{\partial x^2} \\[6pt] \dfrac{\partial^2 w}{\partial y^2} \\[6pt] 2\dfrac{\partial^2 w}{\partial x \partial y} \end{Bmatrix} + \begin{Bmatrix} \dfrac{1}{2}\left(\dfrac{\partial w}{\partial x}\right)^2 \\[6pt] \dfrac{1}{2}\left(\dfrac{\partial w}{\partial y}\right)^2 \\[6pt] \dfrac{\partial w}{\partial x}\dfrac{\partial w}{\partial y} \\[6pt] 0 \\[6pt] 0 \\[6pt] 0 \end{Bmatrix} \tag{5.64}$$

由式（5.64）可知，大挠度板的非线性应变仅作用在其面内应变部分。

假设材料始终处于线弹性阶段,则平板的弹性矩阵为

$$\boldsymbol{D} = \begin{bmatrix} \boldsymbol{D}^{\mathrm{p}} & 0 \\ 0 & \boldsymbol{D}^{\mathrm{b}} \end{bmatrix} \tag{5.65}$$

其中,平面应力弹性矩阵的表达式为

$$\boldsymbol{D}^{\mathrm{p}} = \frac{E}{1 - \mu^2} \begin{bmatrix} 1 & \mu & 0 \\ \mu & 1 & 0 \\ 0 & 0 & \dfrac{1 - \mu}{2} \end{bmatrix} \tag{5.66}$$

弯曲弹性矩阵的表达式为

$$\boldsymbol{D}^{\mathrm{b}} = \frac{E h^3}{12(1 - \mu^2)} \begin{bmatrix} 1 & \mu & 0 \\ \mu & 1 & 0 \\ 0 & 0 & \dfrac{1 - \mu}{2} \end{bmatrix} \tag{5.67}$$

将平板弯曲单元的位移场(u, v, w)记为

$$\begin{bmatrix} u & v & w \end{bmatrix}^{\mathrm{T}} = \boldsymbol{N} \boldsymbol{u}^{\mathrm{e}} \tag{5.68}$$

其中,将形函数 $\boldsymbol{N}$ 记为

$$\boldsymbol{N}_i = \begin{bmatrix} \boldsymbol{N}_i^{\mathrm{p}} & 0 \\ 0 & \boldsymbol{N}_i^{\mathrm{b}} \end{bmatrix} \tag{5.69}$$

节点位移列阵记为

$$\boldsymbol{u}_i = \begin{bmatrix} u_i & v_i & w_i & \dfrac{\partial w}{\partial x}\bigg|_i & \dfrac{\partial w}{\partial y}\bigg|_i \end{bmatrix}^{\mathrm{T}} \tag{5.70}$$

形函数矩阵中的两个对角矩阵分别为其面内部分和面外部分。对形函数矩阵求偏导即可得到几何矩阵:

$$\overline{\boldsymbol{B}} = \boldsymbol{B}_{\mathrm{L}} + \overline{\boldsymbol{B}}_{\mathrm{N}} \tag{5.71}$$

其中,线性几何矩阵

$$\boldsymbol{B}_{\mathrm{L}} = \begin{bmatrix} \boldsymbol{B}_{\mathrm{L}}^{\mathrm{p}} & 0 \\ 0 & \boldsymbol{B}_{\mathrm{L}}^{\mathrm{b}} \end{bmatrix} \tag{5.72}$$

进一步对几何矩阵表示的应变方程求变分可得

$$\delta \boldsymbol{\varepsilon}^{\mathrm{e}} = (\boldsymbol{B}_{\mathrm{L}} + \boldsymbol{B}_{\mathrm{N}}) \delta \boldsymbol{q}^{\mathrm{e}} = \boldsymbol{B} \delta \boldsymbol{q}^{\mathrm{e}} \tag{5.73}$$

可令

$$\boldsymbol{B} = \boldsymbol{B}_{\mathrm{L}} + \boldsymbol{B}_{\mathrm{N}} \tag{5.74}$$

其中,由应变非线性项所引起的非线性几何矩阵为

$$\boldsymbol{B}_{\mathrm{N}} = \begin{bmatrix} 0 & \boldsymbol{B}_{\mathrm{N}}^{\mathrm{b}} \\ 0 & 0 \end{bmatrix} \tag{5.75}$$

不为零的分块矩阵

$$\boldsymbol{B}_{\mathrm{N}}^{\mathrm{b}} = \boldsymbol{A} \boldsymbol{G} \tag{5.76}$$

下面给出大挠度薄板单元中矩阵 $\boldsymbol{A}$ 和 $\boldsymbol{G}$ 的计算过程。将式(5.64)中的非线性应变进一

步写成

$$\boldsymbol{\varepsilon}_{\mathrm{p}}^{\mathrm{N}}=\left\{\begin{array}{c}\dfrac{1}{2}\left(\dfrac{\partial w}{\partial x}\right)^{2}\\[2mm]\dfrac{1}{2}\left(\dfrac{\partial w}{\partial y}\right)^{2}\\[2mm]\dfrac{\partial w}{\partial x}\dfrac{\partial w}{\partial y}\\[2mm]0\\0\\0\end{array}\right\}=\dfrac{1}{2}\begin{bmatrix}\dfrac{\partial w}{\partial x}&0\\[2mm]0&\dfrac{\partial w}{\partial y}\\[2mm]\dfrac{\partial w}{\partial y}&\dfrac{\partial w}{\partial x}\end{bmatrix}\left\{\begin{array}{c}\dfrac{\partial w}{\partial x}\\[2mm]\dfrac{\partial w}{\partial y}\end{array}\right\}=\dfrac{1}{2}\boldsymbol{A\theta}\tag{5.77}$$

其中

$$\boldsymbol{A}=\begin{bmatrix}\dfrac{\partial w}{\partial x}&0&\dfrac{\partial w}{\partial y}\\[2mm]0&\dfrac{\partial w}{\partial y}&\dfrac{\partial w}{\partial x}\end{bmatrix}^{\mathrm{T}}\tag{5.78}$$

$$\boldsymbol{\theta}=\begin{bmatrix}\dfrac{\partial w}{\partial x}&\dfrac{\partial w}{\partial y}\end{bmatrix}^{\mathrm{T}}=\boldsymbol{G}\boldsymbol{u}^{\mathrm{b}}\tag{5.79}$$

$$\boldsymbol{G}=\begin{bmatrix}\dfrac{\partial \boldsymbol{N}_{\mathrm{i}}^{\mathrm{b}}}{\partial x}&\dfrac{\partial \boldsymbol{N}_{\mathrm{j}}^{\mathrm{b}}}{\partial x}&\cdots\\[2mm]\dfrac{\partial \boldsymbol{N}_{\mathrm{i}}^{\mathrm{b}}}{\partial y}&\dfrac{\partial \boldsymbol{N}_{\mathrm{j}}^{\mathrm{b}}}{\partial y}&\cdots\end{bmatrix}\tag{5.80}$$

这样一来,大挠度薄板单元中的线性和非线性几何矩阵就全部得到了,即有

$$\left.\begin{array}{c}\boldsymbol{B}_{\mathrm{L}}=\begin{bmatrix}\boldsymbol{B}_{\mathrm{L}}^{\mathrm{p}}&0\\0&\boldsymbol{B}_{\mathrm{L}}^{\mathrm{b}}\end{bmatrix}\\[4mm]\boldsymbol{B}_{\mathrm{N}}=\begin{bmatrix}0&\boldsymbol{B}_{\mathrm{N}}^{\mathrm{b}}=\boldsymbol{AG}\\0&0\end{bmatrix}\end{array}\right\}\tag{5.81}$$

根据已推导出来的单元切线刚度矩阵通式,大挠度薄板单元的切线刚度矩阵可写为

$$\boldsymbol{K}_{\mathrm{T}}=\boldsymbol{K}_{\mathrm{L}}+\boldsymbol{K}_{\mathrm{N}}+\boldsymbol{K}_{\mathrm{g}}\tag{5.82}$$

其中,小变形刚度矩阵为

$$\boldsymbol{K}_{\mathrm{L}}=\begin{bmatrix}\boldsymbol{K}_{\mathrm{L}}^{\mathrm{pl}}&0\\0&\boldsymbol{K}_{\mathrm{L}}^{\mathrm{b}}\end{bmatrix}\tag{5.83}$$

大变形刚度矩阵为

$$\boldsymbol{K}_{\mathrm{N}}=\int\begin{bmatrix}0&(\boldsymbol{B}_{\mathrm{L}}^{\mathrm{pl}})^{\mathrm{T}}\boldsymbol{D}^{\mathrm{pl}}\boldsymbol{B}_{\mathrm{N}}^{\mathrm{b}}\\(\boldsymbol{B}_{\mathrm{L}}^{\mathrm{pl}})^{\mathrm{T}}\boldsymbol{D}^{\mathrm{pl}}\boldsymbol{B}_{\mathrm{N}}^{\mathrm{b}}&(\boldsymbol{B}_{\mathrm{N}}^{\mathrm{b}})^{\mathrm{T}}\boldsymbol{D}^{\mathrm{pl}}\boldsymbol{B}_{\mathrm{N}}^{\mathrm{b}}\end{bmatrix}\mathrm{d}x\,\mathrm{d}y\tag{5.84}$$

几何刚度矩阵为

$$\boldsymbol{K}_{\mathrm{g}}=\begin{bmatrix}0&0\\0&\boldsymbol{K}_{\mathrm{g}}^{\mathrm{b}}\end{bmatrix}=\int\boldsymbol{G}^{\mathrm{T}}\begin{bmatrix}F_{Nx}&F_{Nxy}\\F_{Nxy}&F_{Ny}\end{bmatrix}\boldsymbol{G}\mathrm{d}x\,\mathrm{d}y\tag{5.85}$$

5.3　结构稳定性的有限元分析

5.3.1　特征值屈曲分析

线性屈曲分析主要面向分叉型失稳问题,它是基于结构前屈曲小变形的线性假设提出的。当结构发生屈曲时,其构型会突然跳跃到另外一个新的平衡位置。载荷和位移关系在结构屈曲前是线性的,但是当载荷达到临界点,即结构失稳后,载荷位移曲线会出现转折,结构的平衡将转向另一模态。

假设结构在失稳前处于小变形状态,因此可以不用考虑几何非线性对平衡方程的影响,那么增量平衡方程(5.59)中的大位移刚度矩阵 K_N 为零,同时可以采用线性分析得到的应力来计算初应力刚度矩阵 K_g。最后得到增量形式的结构平衡方程为

$$(K_L + K_g)\,\mathrm{d}q = \mathrm{d}P \tag{5.86}$$

式中: K_L 为线弹性刚度矩阵; K_g 为几何刚度矩阵,也叫作初应力刚度矩阵。几何刚度矩阵 K_g 与结构体内部的应力水平相关且与结构的外载荷大小成正比。$\mathrm{d}q$ 和 $\mathrm{d}P$ 分别为位移增量和外载荷增量。若结构发生屈曲,则较小的外载荷增量都会使结构产生不确定或无穷大的位移变形。因此,对应式(5.86),当线性方程组系数矩阵的行列式为零时,结构发生屈曲。因此线性屈曲分析的失稳条件为

$$\det(K_L + K_{gcr}) = 0 \tag{5.87}$$

式中: K_{gcr} 为结构失稳时的几何刚度矩阵。假定结构的参考外载荷为 P,屈曲临界载荷为 P_{cr},临界屈曲载荷系数为 λ,则在前屈曲线性小变形的假设前提下应有

$$P_{cr} = \lambda P \tag{5.88}$$

由于几何刚度矩阵 K_g 与外载荷水平成正比,故有如下关系:

$$K_{gcr} = \lambda K_g \tag{5.89}$$

将式(5.89)代入式(5.87)可得

$$\det(K_L + \lambda K_g) = 0 \tag{5.90}$$

式(5.90)可以转化为一个广义特征值的求解问题,即

$$K_L \boldsymbol{\phi} = \lambda K_g \boldsymbol{\phi} \tag{5.91}$$

对特征值问题进行求解可以得到一系列的特征值 $\lambda_1, \lambda_2, \cdots$ 以及它们对应的特征向量 $\boldsymbol{\phi}_1$, $\boldsymbol{\phi}_2, \cdots$,这些特征值和特征向量又叫作结构的屈曲临界载荷系数和屈曲模态。在结构的稳定性设计中最具有实用意义的是最小的那一个屈曲临界载荷系数 λ_1 及其对应的第一阶屈曲模态 $\boldsymbol{\phi}_1$。但是对前几阶屈曲载荷系数相差不大的结构而言,屈曲模态的耦合作用将会影响结构的后屈曲承载能力。对于这类结构,仅采用第一阶屈曲模态来分析初始后屈曲的响应是不够的。

需要注意的是,线性屈曲分析由于忽略了结构屈曲前变形的影响,因此只能用来分析某些特定的情况,因为它常常会过高地估计结构的屈曲临界载荷。通过试验发现,对于拱、壳类结构,用线性屈曲分析所得到的屈曲临界载荷要比用非线性屈曲分析得到的高出许多。但是对某些结构而言,线性屈曲分析得到的屈曲临界载荷也会低于非线性屈曲分析的结果,这与结构自身的几何形状以及内部构件的布置也有着很大关系。因此,对大多数实际结构,采用非线性屈曲分析是十分必要的。但线性屈曲分析也有着它自己的优点,比如计算量小,可以较快地预

测结构的屈曲形状等。在工程应用中,经常将线性屈曲分析所得到的值作为结构失稳临界载荷的上限,它可以为结构的屈曲设计提供初步依据。

5.3.2 非线性屈曲分析

非线性屈曲分析考虑了前屈曲变形的影响,特别是在前屈曲发生较大变形的情况下,这种影响是不可忽略的。此外,要想求解具有较大挠度变形的后屈曲响应,同样需要开展非线性屈曲分析。因此,在非线性屈曲分析中,必须采用完整非线性形式的增量平衡方程,即

$$\boldsymbol{K}_{\mathrm{T}} \mathrm{d}\boldsymbol{q} = (\boldsymbol{K}_{\mathrm{L}} + \boldsymbol{K}_{\mathrm{N}} + \boldsymbol{K}_{\mathrm{g}}) \, \mathrm{d}\boldsymbol{q} = \mathrm{d}\boldsymbol{P} \tag{5.92}$$

式中:切线刚度矩阵 $\boldsymbol{K}_{\mathrm{T}}$ 是随着加载变形而不断变化的。以简单的压杆失稳为例,结构受到压载荷作用时,其内部的应力状态为负值,由此将导致结构的初应力矩阵 $\boldsymbol{K}_{\mathrm{g}}$ 为负值。由于它在切线刚度中起负作用,因此随着载荷的增加结构总切线刚度将不断衰减。当切线刚度 $\boldsymbol{K}_{\mathrm{T}}$ 的行列式趋于零时,结构的变形将不确定或趋于无穷大,这就意味着结构发生了屈曲。在非线性屈曲分析中需要采用路径跟踪技术来计算结构的平衡路径,从而能够准确得到结构的失稳临界载荷。

5.3.3 两种方法的比较

表 5.2 给出了线性特征值屈曲分析与非线性屈曲分析各自的特点和适用范围。

表 5.2 线性特征值屈曲分析与非线性屈曲分析比较

分析方法	线性特征值屈曲分析	非线性屈曲分析
求解问题	矩阵广义特征值问题	非线性代数方程组
获得的解	屈曲载荷、模态	承载响应、变形
适用假设	前屈曲线性小变形	任意变形均可
解的精确度	可能会高估屈曲载荷	真实载荷
适用例子	分支型屈曲:轴向受压杆、面内受压板、轴压筒壳	极值点和跃越型屈曲:偏心受压结构、实际含缺陷结构

5.4 结构非线性数值求解方法

通过 5.3 节的内容可知,结构几何非线性问题最终都将归结为一个非线性平衡方程组的求解问题。相比结构线性分析所需求解的线性代数方程组,该非线性方程组的求解不仅计算量显著增加,而且当结构失稳时还可能会出现收敛特性差甚至求解失败的情况。

随着有限元算法理论、计算机硬件和软件技术的进步及实际工业需求的提出,CAE 技术的应用逐步由线性模拟为主向非线性模拟为主快速发展。1969 年,第一个商业非线性有限元程序——Marc 诞生。目前几乎所有的商业有限元软件都具备较强的非线性问题的分析求解能力。非线性求解技术的先进性与稳健性已经成为衡量一个结构分析程序质量的标准。

结构几何非线性问题所需求解的非线性平衡方程组:

$$\left(\int_V \boldsymbol{B}^{\mathrm{T}} \boldsymbol{D} \bar{\boldsymbol{B}} \mathrm{d}V \right) \boldsymbol{q} = \boldsymbol{K}_{\mathrm{ge}}(\boldsymbol{q}) \boldsymbol{q} = \boldsymbol{P} \tag{5.93}$$

实际求解过程中采用的是平衡方程的切线形式,即

$$(\boldsymbol{K}_{\text{L}} + \boldsymbol{K}_{\text{g}} + \boldsymbol{K}_{\text{N}})\text{d}\boldsymbol{q} = \text{d}\boldsymbol{P} \tag{5.94}$$

由能量原理可知,上述非线性平衡方程实际上是由结构应变能的一阶导数计算得到的,而其切线方程则需要计算到结构应变能的二阶导数。

结构非线性问题通常采用增量法求解(追踪加载过程中应力或变形的演变历史)。因此,结构的几何非线性响应分析需要将外载荷逐步增加,然后求解不同载荷水平下的非线性平衡方程,获得相应的结构变形解,把不同平衡状态下结构的变形解用曲线连起来,即可得到结构的非线性响应曲线。图 5.10 给出了轴压筒壳结构的轴向压缩位移随轴压载荷的变化曲线,该曲线的最高点即为结构的临界失稳点,对应的载荷就是结构的极值点载荷。由此可见,结构几何非线性的计算结果直接服务于结构稳定性分析。

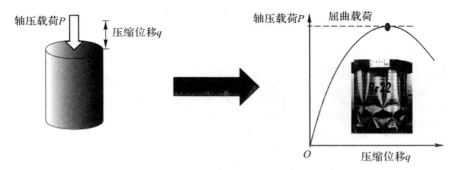

图 5.10　轴压筒壳结构的承载响应曲线

结构稳定性问题中非线性方程组的两种主要求解方法:一种是传统的牛顿(Newton)法;另一种是能够较好地处理极值点问题的弧长(Arc-Length)法。它们也是当前商用软件普遍采用的方法。

5.4.1　线性增量求解法

在讲述常用的牛顿法和弧长法之前,先介绍一下最早采用的线性增量求解法,并指出该方法存在的问题。由于在非线性分析中,不能直接由线性方程组推得响应,故线性增量求解法的基本思想是将非线性问题转化成若干线性问题来逼近求解,如图 5.11 所示,其主要求解流程为:

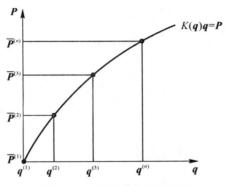

图 5.11　线性增量求解思路

1）需要将结构外载荷分解成许多增量步来逐渐加载,每一增量确定唯一的平衡条件,对这些平衡条件进行求解。

2）每一增量步中的平衡条件求解结束后,需根据当前的结构变形状态来调节刚度矩阵以适应非线性响应,在下个增量步中,需用修正后的结构刚度来建立平衡条件。

线性增量求解法在跟踪结构响应的过程中,虽然能够在一定程度上考虑结构刚度的非线性变化,然而纯增量法的问题在于其没有在单个载荷增量步内进行迭代修正,进而导致在不同载荷增量步中会逐渐累积误差,使最终结果偏离平衡。其计算过程如图 5.12 所示,即使用很小的增量步,误差也不可避免,然而增量步过小势必会增加计算量。

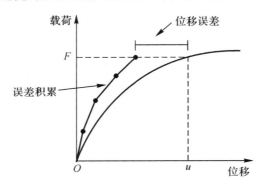

图 5.12　线性增量法误差分析

5.4.2　Newton-Raphson 法

Newton-Raphson 法与线性增量求解法的求解过程基本一致,主要不同在于该方法会在每一载荷增量段中进行反复迭代,直至收敛后获得精确解后,才实施下一个载荷增量步的计算。这样一来就完全避免了线性增量求解法在不同载荷增量步中的误差累积,因此最终获得的非线性响应曲线是精确的。下面介绍 Newton-Raphson 法的基本求解过程以及该方法的收敛性特性。

1．求解过程

在采用增量-迭代格式的 Newton-Raphson 法求解结构几何非线性问题时,可将结构非线性响应的求解过程分为以下三个步骤。

（1）将总的外力载荷分为一系列载荷段。该过程与线性增量求解法的第一个步骤基本一致,如图 5.11 所示,将总的外载荷分为若干个载荷增量步,每个载荷步的大小不仅会影响求解得到的平衡状态点的数目(红色点),即响应曲线的光滑度,而且会影响增量步内的迭代收敛效率。

（2）在每一载荷段中进行迭代,直至收敛。如图 5.13 所示,选取 Newton-Raphson 法求解过程中的第 k 个载荷增量段,载荷从 $\boldsymbol{P}_i^{(k)}$ 增加到 $\overline{\boldsymbol{P}}^{(k+1)}$,在该载荷增量段内,迭代求解使用下列方程：

$$\boldsymbol{K}_{\mathrm{T}}(\boldsymbol{q}_i^{(k)})\Delta\boldsymbol{q}_i^{(k)} = \Delta\boldsymbol{P}_i^{(k)} \tag{5.95}$$

其中,载荷增量

$$\Delta\boldsymbol{P}_i^{(k)} = \overline{\boldsymbol{P}}^{(k+1)} - \boldsymbol{P}_i^{(k)} \tag{5.96}$$

位移增量

$$\Delta \boldsymbol{q}_i^{(k)} = \boldsymbol{q}_{i+1}^{(k)} - \boldsymbol{q}_i^{(k)} \tag{5.97}$$

式中变量的上标 k 表示该迭代过程发生在第 k 个载荷增量步中,下标 i 为该载荷增量步中的第 i 次迭代。$\Delta \boldsymbol{q}_i^{(k)}$ 为位移增量,$\Delta \boldsymbol{P}_i^{(k)}$ 为载荷增量,$\overline{\boldsymbol{P}}^{(k+1)}$ 为施加的外载荷矢量,$\boldsymbol{P}_i^{(k)}$ 为内力矢量。增量迭代方程中的 $\boldsymbol{K}_T(\boldsymbol{q}_i^{(k)})$ 为结构在当前变形状态 $\boldsymbol{q}_i^{(k)}$ 下的切线刚度,即图 5.13 中的响应曲线在位移 $\boldsymbol{q}_i^{(k)}$ 处的切线。式(5.95)在迭代求解过程中会不断地更新当前的切线刚度以适应结构的非线性响应特性,在图 5.13 中反映为曲线切线的不断变化。

该载荷增量步中的迭代过程如图 5.13 所示,其第 1 个迭代步基于 $\boldsymbol{q}_1^{(k)}$ 时的结构构形,计算出切向刚度 $\boldsymbol{K}_T(\boldsymbol{q}_1^{(k)})$,基于 $\Delta \boldsymbol{P}_1^{(k)}$ 计算出的位移增量是 $\Delta \boldsymbol{q}_1^{(k)}$,然后采用式(5.97)将结构构形更新为 $\boldsymbol{q}_2^{(k)}$,然后以此类推,开始实施第 2 个迭代步计算。

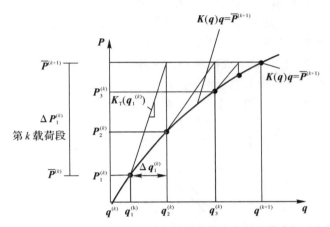

图 5.13　Newton-Raphson 法在单个载荷步中的迭代求解过程

Newton-Raphson 法在单个载荷增量步中需要一个收敛的度量以决定何时结束迭代。假设当前迭代至第 i 个迭代步,如图 5.14 所示,给定外部载荷($\boldsymbol{P}_{i+1}$),内部载荷($\boldsymbol{P}_i$)(由单元应力产生并作用于节点的等效节点力),在一个弹性体中,外部载荷必须与内力相平衡,才能得到真正的位移解。为衡量结构平衡状态的真实性,还需定义迭代计算中的不平衡力,也叫失衡力:

$$\boldsymbol{R} = \Delta \boldsymbol{P}_i^{(k)} = \overline{\boldsymbol{P}}^{(k+1)} - \boldsymbol{P}_i^{(k)} \tag{5.98}$$

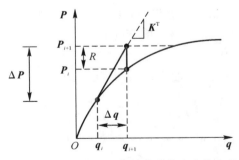

图 5.14　Newton-Raphson 法在单个载荷步中的失衡力计算

该失衡力表达式与载荷增量式(5.96)完全一致,在每次迭代后该失衡力都会有所更新。

当载荷增量步中的失衡力 R 迭代至零时,可以认为结构处于当前外载荷下的平衡状态,该载荷增量步计算收敛,迭代终止。

需要注意的是,每个载荷步中迭代的收敛条件可以灵活选取。不平衡力 R 实际上从未真正等于零。当不平衡量小到处于误差允许范围内时,可中止迭代,得到平衡解。在数学上,当不平衡量的范数 $\|R\|$ 小于指定容限乘以参考力的值时就认为得到收敛解。

收敛判据除了用力来表征,也可以选取力矩、位移或旋转增量。一般而言,力/力矩缺省的容限是 0.5%,位移/旋转增量的容限是 5%。经验表明,这些容限对于大多数问题具有足够的精确度,缺省的设置对于一般的工程问题既不能"太紧(计算效率)"也不应"太松(计算精度)"。

结构的不平衡力确保了 Newton-Raphson 法的自修正性。牛顿迭代格式是二阶收敛的格式并且是自修正格式,它对结构非线性的软化或硬化问题均可收敛。但是针对结构稳定性问题,如果求解路径中存在极值点或在迭代过程中切线刚度矩阵的行列式接近零,那么求解的位移增量将会出现振荡而导致收敛失败。在牛顿法的基础上作一些修改就衍生出了一系列改进的牛顿法,如修正牛顿法、参数牛顿法以及弧长法等。

(3)所有载荷段循环,并将结果进行累加。在每个载荷增量步中采用(2)中给出的迭代计算方法,获得每个载荷增量步中的收敛解,即图 5.15 中的点,将其连成曲线就得到结构的非线性响应。可见,该响应曲线的光滑程度取决于载荷增量步的大小。

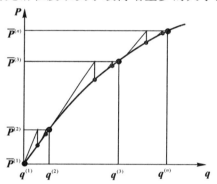

图 5.15　Newton-Raphson 法在一系列载荷增量步中的计算

2. 收敛性分析

Newton-Raphson 法的迭代格式是二阶收敛格式,因此该方法不能保证在所有情况下都收敛,如图 5.16 所示,在每个载荷增量步中,Newton 迭代都有一个收敛半径,当前迭代步中的初始构型是否在收敛半径内,将直接影响 Newton-Raphson 迭代的收敛性。

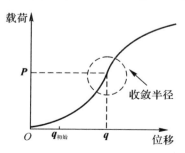

图 5.16　Newton-Raphson 法收敛半径

　　图 5.17 给出了初始点在收敛半径不同位置处时, Newton-Raphson 法迭代的收敛情况。如图 5.17(a) 所示, 当初始构型在收敛半径内, 经过若干次迭代计算即可获得收敛解。若初始构型在收敛半径外, 如图 5.17(b) 所示, 则即使迭代求解多次, 仍无法得到收敛解。

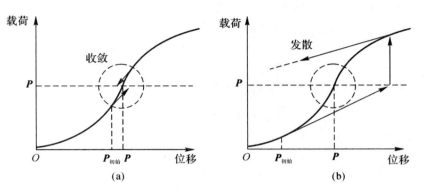

图 5.17　初始点在收敛半径不同位置处

(a) 初始点在收敛半径内部；　(b) 初始点在收敛半径外部

　　一般来说, 承载系统任何方面的突变都可能会导致 Newton-Raphson 法出现收敛困难, 例如结构刚度突变和载荷突变等。当初始构型在收敛半径外时, 通常可采用两种策略来获得收敛解。最佳的收敛策略是把突变分成一系列很多小的递增的变化, 可以采用渐变加载以及采用小的时间步, 如图 5.18(a) 所示。另一种策略是用收敛增强工具来扩大收敛半径, 如图 5.18(b) 所示。

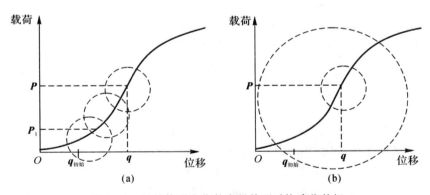

图 5.18　初始构形在收敛半径外面时构建收敛解

(a) 递增加载使目标更接近初始点；　(b) 用收敛增强工具扩大收敛半径

　　当采用 Newton-Raphson 法开展结构的非线性有限元分析时, 会面临两个主要的挑战, 即获得收敛解及权衡成本和精度。特别是对于稳定性问题而言, 当结构临近失稳时, 其切线刚度接近奇异, 响应曲线呈现出较高的非线性特性, 进入后屈曲承载段后亦是如此。从理论上说, 为保证 Newton-Raphson 迭代的收敛性, 每个载荷增量步内的求解必须要从收敛半径内开始。然而实际求解时, 没有办法确定收敛半径值, 只能根据计算结果来判断, 即如果求解收敛, 则表明起始点在收敛半径以内, 反之, 如果求解收敛失败, 则意味着起始点在收敛半径之外。因此, 需要尝试去获得收敛解, 并依据经验去调节载荷增量步的大小进而保证收敛性。但是对于非线性程度较强的响应求解问题，要想获得收敛解，可能需要采用较小的载荷增量，并且可能在每个载荷增量步中进行很多次的迭代计算。不管是增加载荷增量步还是其中的迭代计算步，都会显著增加总的求解时间。

几乎所有的有限元分析都需要综合考虑成本（消耗的时间、硬盘和内存需求）和精度这两方面的问题，然而对于结构非线性分析而言，尤其需要权衡计算成本和求解精度。通常来说，结构有限元建模时的几何细节建得越细致、网格越细密，求解结果就越精确，但是却需要更多的时间和系统资源。结构非线性分析又增加了另外一个因素，即载荷增量数，这也会影响精度和成本。更小的载荷增量通常会改善精度并获得更为光滑的响应曲线，但是会增加计算成本。因此，获得精度与成本的平衡，一直以来都是结构非线性稳定性分析的重中之重。

5.4.3 弧长法

5.4.2 节介绍的 Newton-Raphson 法是一种求解结构非线性问题的经典方法，能够实现对非线性响应的准确计算。然而对于结构稳定性问题，非线性平衡路径中可能存在切线刚度矩阵行列式为零的极值点，在靠近极值点的载荷增量步中迭代计算时，位移增量会出现振荡而导致收敛失败。因此，传统的 Newton-Raphson 法往往并不适用于求解结构的稳定性问题。

究其原因，Newton-Raphson 法是一种控制载荷的方法，即假设载荷逐渐增加。而当结构失稳垮塌时，载荷已经无法增加，无法通过迭代计算获得收敛解。为解决 Newton-Raphson 法无法穿越极值点的问题，弧长法应运而生。

弧长法是一种把载荷水平看成一个变量，通过同时约束载荷水平和位移变形来达成对复杂非线性问题稳健求解的一种方法，它属于一种广义的位移控制法。它的最大特点是能够跟踪较为复杂的非线性响应，特别是能够很好地处理极值点问题。弧长法所采用的依然是 Newton-Raphson 增量迭代格式，但对位移和载荷赋予了额外约束，其计算格式为

$$\left.\begin{aligned} \boldsymbol{K}_{\mathrm{T}j}^{i-1}\delta\boldsymbol{q}_j^i &= \delta\lambda_j^i\boldsymbol{P} + \boldsymbol{R}_j^{i-1} \\ \beta(\Delta\lambda_j^i)^2 \parallel \boldsymbol{P} \parallel^2 + \alpha \parallel \Delta\boldsymbol{q}_j^i \parallel^2 &= \Delta l^2 \end{aligned}\right\} \tag{5.99}$$

其中

$$\Delta\boldsymbol{q}_j^i = \Delta\boldsymbol{q}_j^{i-1} + \delta\boldsymbol{q}_j^i \tag{5.100}$$

由此可见，弧长法迭代中的第一个式子与牛顿法迭代格式相似，但仍稍有不同。其中 $\boldsymbol{K}_{\mathrm{T}j}^{i-1}$ 和 $\boldsymbol{R}_j^{i-1}$ 分别是第 $i-1$ 次迭代的切线刚度矩阵和不平衡力向量。$\boldsymbol{P}$ 为参考外载荷向量，它在整个求解过程中是恒定的。$\delta\lambda^i$ 为第 i 次迭代产生的载荷增量系数（若 $\delta\lambda^1=1$，其余为 0。则退化到了常规的固定载荷水平的牛顿迭代格式）。

此外，还需要注意的是，该迭代格式中还含有一个额外的约束方程，即

$$\beta(\Delta\lambda_j^i)^2 \parallel \boldsymbol{P} \parallel^2 + \alpha \parallel \Delta\boldsymbol{q}_j^i \parallel^2 = \Delta l^2 \tag{5.101}$$

式中：Δl 为弧长半径；α 和 β 为尺度因子。该约束方程同时将载荷和位移约束在给定弧长的范围内。

这里的 α 和 β 取不同的值，便决定了弧长法的不同形式。例如：当 $\alpha=1,\beta=1$ 时为球面弧长法；当 $\alpha=1,\beta=0$ 时为柱面弧长法，也就是所谓的全方位的位移控制法。

以球面弧长法为例，详细阐述弧长法的求解过程，如图 5.19 所示。当 $\alpha=1,\beta=1$ 时，约束条件便成了 Crisfield 提出的等弧长的球面弧长法。此法比较直观，其约束面可以看成以该载

荷步的初始迭代点(m 点)为球心，以 Δl 为半径的球面，如图 5.19 所示。

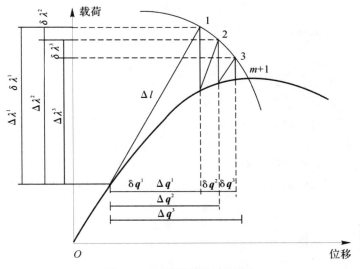

图 5.19　球面弧长法示意图

将式(5.99)中的第一式变形后，第 j 个载荷步中第 i 次迭代后产生的位移增量可分为两部分，即

$$\delta \boldsymbol{q}_j^i = \delta \lambda_j^i (\boldsymbol{K}_{\mathrm{T}j}^{i-1})^{-1} \boldsymbol{P} + (\boldsymbol{K}_{\mathrm{T}j}^{i-1})^{-1} \boldsymbol{R}_j^{i-1}$$
$$= \delta \lambda_j^i (\delta \boldsymbol{q}_j^i)^{\mathrm{I}} + (\delta \boldsymbol{q}_j^i)^{\mathrm{II}} \tag{5.102}$$

将位移增量 $\delta \boldsymbol{q}_j^i$ 所含的两部分记为

$$(\delta \boldsymbol{q}_j^i)^{\mathrm{I}} = (\boldsymbol{K}_{\mathrm{T}j}^{i-1})^{-1} \boldsymbol{P} \tag{5.103}$$

$$(\delta \boldsymbol{q}_j^i)^{\mathrm{II}} = (\boldsymbol{K}_{\mathrm{T}j}^{i-1})^{-1} \boldsymbol{R}_j^{i-1} \tag{5.104}$$

如果求解出了位移增量 $\delta \boldsymbol{q}_j^i$，那么第 j 个载荷步中第 i 次迭代后的位移量 $\Delta \boldsymbol{q}^i$ 为

$$\Delta \boldsymbol{q}_j^i = \Delta \boldsymbol{q}_j^{i-1} + \delta \boldsymbol{q}_j^i \tag{5.105}$$

第 j 个载荷步中第 i 次迭代后的结构位移总量为

$$\boldsymbol{q}_j^i = \boldsymbol{q}_j^{i-1} + \delta \boldsymbol{q}_j^i \tag{5.106}$$

按照上述步骤依次将位移求出后，问题就迎刃而解了，但是要想求出位移增量必须要首先求出式(5.102)里第 j 个载荷步中第 i 次迭代的载荷增量系数 $\delta \lambda_j^i$。注意到第 i 步的载荷比例系数＝第($i-1$)步的载荷比例系数＋第 i 步的载荷增量系数，即：

$$\Delta \lambda_j^i = \Delta \lambda_j^{i-1} + \delta \lambda_j^i \tag{5.107}$$

将式(5.106)和式(5.107)代入约束方程式(5.101)后，可得

$$(\Delta \lambda_j^i)^2 \parallel \boldsymbol{P} \parallel^2 + \parallel \Delta \boldsymbol{q}_j^i \parallel^2 = (\Delta \lambda_j^{i-1} + \delta \lambda_j^i)^2 (\boldsymbol{P}^{\mathrm{T}} \boldsymbol{P}) + (\Delta \boldsymbol{q}_j^{i-1} + \delta \boldsymbol{q}_j^i)^{\mathrm{T}} (\Delta \boldsymbol{q}_j^{i-1} + \delta \boldsymbol{q}_j^i) = \Delta l^2 \tag{5.108}$$

再将式(5.107)代入式(5.108)，可得：

$$(\Delta \lambda_j^{i-1} + \delta \lambda_j^i)^2 (\boldsymbol{P}^{\mathrm{T}} \boldsymbol{P}) + (\Delta \boldsymbol{q}_j^{i-1} + \delta \lambda_j^i (\delta \boldsymbol{q}_j^i)^{\mathrm{I}} + (\delta \boldsymbol{q}_j^i)^{\mathrm{II}})^{\mathrm{T}} (\Delta \boldsymbol{q}_j^{i-1} + \delta \lambda_j^i (\delta \boldsymbol{q}_j^i)^{\mathrm{I}} +$$
$$(\delta \boldsymbol{q}_j^i)^{\mathrm{II}}) = \Delta l^2 \tag{5.109}$$

可以看到式(5.109)中仅有一个未知量 $\delta \lambda_j^i$，将其进一步整理得到一个关于 $\delta \lambda_j^i$ 的一元二

次方程,将其简记为

$$a_1(\delta\lambda_j^i)^2 + a_2\delta\lambda_j^i + a_3 = 0 \tag{5.110}$$

其中

$$\left.\begin{aligned} a_1 &= (\delta\boldsymbol{q}_j^i)^{\mathrm{I}^\mathrm{T}}(\delta\boldsymbol{q}_j^i)^\mathrm{I} + \boldsymbol{P}^\mathrm{T}\boldsymbol{P} \\ a_2 &= 2(\delta\boldsymbol{q}_j^i)^{\mathrm{I}^\mathrm{T}}\left[\Delta\boldsymbol{q}_j^{i-1} + (\delta\boldsymbol{q}_j^i)^{\mathrm{II}}\right] + 2\Delta\lambda_j^{i-1}\boldsymbol{P}^\mathrm{T}\boldsymbol{P} \\ a_3 &= \left[\Delta\boldsymbol{q}_j^{i-1} + (\delta\boldsymbol{q}_j^i)^{\mathrm{II}}\right]^\mathrm{T}\left[\Delta\boldsymbol{q}_j^{i-1} + (\delta\boldsymbol{q}_j^i)^{\mathrm{II}}\right] - \Delta l^2 + (\Delta\lambda^{i-1})^2\boldsymbol{P}^\mathrm{T}\boldsymbol{P} \end{aligned}\right\} \tag{5.111}$$

求解上述的一元二次方程将会得到两个 $\delta\lambda_j^i$ 值,为避免在路径跟踪的过程中发生折返,这两个根的选取非常关键。$\delta\lambda_j^i$ 根的选取所依据的方法也很多,在此仅介绍一种较为常用的方法,该方法认为合理的根应该使一个载荷步中第 i 个迭代步结束后的位移与前一迭代步结束后的位移的夹角最小,即要满足

$$\cos\theta = \frac{(\Delta\boldsymbol{q}_j^{i-1})^\mathrm{T}(\Delta\boldsymbol{q}_j^i)}{\|\Delta\boldsymbol{q}_j^{i-1}\|\ \|\Delta\boldsymbol{q}_j^i\|} = \max \tag{5.112}$$

因此,将两个 $\delta\lambda_j^i$ 均代入式(5.112),其中对应较大值的 $\delta\lambda_j^i$ 即是待求的载荷增量系数。然后将其代入式(5.102)可求得位移增量,最后用式(5.100)来更新位移,这样就完成了一次弧长法的求解。

5.5 本 章 小 结

本章介绍了基于有限单元法的结构稳定性分析方法。首先,介绍了结构的三种非线性问题,重点是与结构稳定性密切相关的几何非线性问题;其次,讲述了结构非线性问题的有限单元法,介绍了变形梯度张量、不同构型下的应变与应力测度等概念,推导了非线性有限元平衡方程;再次,阐述了结构稳定性问题的有限元分析方法,比较了特征值屈曲和非线性屈曲分析方法的各自特点和适用范围;最后,介绍了结构非线性问题的三种数值求解方法,尤其是最为常用的 Newton-Raphson 法和求解稳定性较为稳健的弧长法。

参 考 文 献

[1] 凌道盛,徐兴. 非线性有限元及程序[M]. 杭州:浙江大学出版社,2004.

[2] 匡震邦. 非线性连续介质力学基础[M]. 西安:西安交通大学出版社,1989.

[3] 梁珂. 结构几何非线性屈曲分析的有限元降阶方法研究[D]. 西安:西北工业大学,2012.

[4] 佚名. 几何非线性(非线性有限元–福州大学)[EB/OL]. (2012 - 03 - 23)[2022 - 02 - 09]. https://wenku.baidu.com/view/fbe795130b4e767f5acfceb5.html.

[5] 佚名. 非线性有限元法(几何非线性)[EB/OL]. (2020 - 10 - 07)[2022 - 02 - 15]. https://wenku.baidu.com/view/8e0f04c282c4bb4cf7ec4afe04a1b0717ed5b3c2.html.